AF561752

Nikolai Mette • Goldfisch-Fibel

Nikolai Mette

Goldfisch-Fibel

Dähne Verlag

Fotonachweis:
Alle Fotos, außer den besonders gekennzeichneten, sind vom Autor.
Titelfoto: H. Hristov

Bibliografische Information der Deutschen Nationalbibliothek

Die Deutsche Nationalbibliothek verzeichnet diese Publikation in der Deutschen Nationalbibliografie; detaillierte bibliografische Daten sind im Internet über http://dnb.dnb.de abrufbar.

ISBN 978-3-944821-41-2

Druck: Grafisches Centrum Cuno GmbH & Co. KG
Printed in Germany

Inhalt

Vorwort

„Goldfische? Ernsthaft? Die machen doch nichts anderes als fressen und koten" – das war die Reaktion eines aquarienbegeisterten Kollegen, als er erfuhr, welche Fische ich pflegte. Goldfische? Ja, ernsthaft!

Meine ersten Fische bekam ich im Alter von acht Jahren. Eine Zoohandlung in der Nähe warb am Tag ihrer Eröffnung in der Zeitung mit Gutscheinen, die Kunden einen Goldfisch als Geschenk versprachen. Der Kauf von Meerschweinchenstreu machte mich zum Kunden, und die gesammelten Gutscheine der Verwandtschaft bescherten meinen Brüdern und mir die begehrten Goldfische. Ja, Goldfische waren so billig, dass sie als Werbegeschenk dienten. An ihrer billigen Verfügbarkeit hat sich bis heute leider nichts geändert. Mir selbst waren sie viel wert, und auch daran hat sich bis heute nichts geändert. Zwei dieser anfangs drei Fische lebten zwölf Jahre bei mir und viele Jahre war mir gar nicht bewusst, dass mein 15-Liter-Becken viel zu klein für sie war. Selbst als ich das später langsam erkannte, zeigte die tägliche Praxis, dass die Fische trotzdem gesund waren und lange lebten. Leider sind ihre Bedürfnisse auch heute noch vielen Haltern unbekannt und werden ignoriert. Zumindest in diesem Punkt hat sich bei mir viel geändert; und so dient dieses Buch auch dazu, andere vor ähnlichen Fehlern zu bewahren.

Als ich dann als junger Erwachsener erneut Fische anschaffte, mussten es wieder Goldfische sein, die goldigen Gesellen waren mir ans Herz gewachsen. Zum einen sah ich in der Robustheit der einfachen Formen einen Vorteil gegenüber anspruchsvollen Tieren. Zum anderen haben Goldfische einen besonderen Zauber für mich, den ich nur schwer beschreiben kann. Sie sind gewissermaßen die „fischigsten" aller Fische: Wenn ich Kinder einen Fisch malen lasse, wird es entweder ein bunter Fantasiefisch oder ein klar erkennbarer Goldfisch. Meine inzwischen sehr gründliche Beschäftigung mit dieser Fischart bescherte mir faszinierende historische Einblicke und ein Stück Kulturgeschichte. Als Biologe und Lehrer bietet *Carassius auratus* mir beispielhaftes Anschauungsmaterial in Physiologie, Genetik, Evolution und Zucht, wie es nur wenige andere Fischarten tun.

Verschiedene Zuchtformen im Aquarium.

Viele Aquarianer vermissen an Goldfischen eine Besonderheit. Sie betreiben keine Brutpflege und weisen kein Revierverhalten auf. Man kann mit ihrer Zucht auch nicht zum Erhalt bedrohter Arten beitragen. Goldfische drängen sich nicht auf, sie wollen entdeckt und kultiviert werden. Für mich sind sie in ihrer Gesamtheit etwas Besonderes, was ich Ihnen hier in knapper Form näherbringen möchte. Darüber hinaus gibt es noch viel selbst zu entdecken.

Bei den Haltungsempfehlungen beschränke ich mich auf die Pflege im Aquarium. Die Haltung im Gartenteich unterscheidet sich eigentlich nur in einem Punkt von der anderer Teichfische wie z. B. Koi oder Goldorfen: Goldfische sind die anspruchsloseren Pfleglinge.

Die artgerechte Pflege von Goldfischen im Aquarium dagegen wird weniger praktiziert. Sofern artgerechte Tierhaltung überhaupt möglich ist und man dies für andere große Aquarienfische bejaht, gilt dies auch für Goldfische. Man muss es nur machen und dabei möchte ich Ihnen helfen.

Anfänger- oder Spezialistenfisch?

Goldfische gelten als typische Kinder- und Anfängerfische. Die einfachen Zuchtformen sind tatsächlich unkomplizierte und anspruchslose Zierfische. Sie vertragen ein weites Temperaturspektrum, kommen mit niedrigen Sauerstoffgehalten des Wassers zurecht, sind keine Nahrungsspezialisten und sind überhaupt in vielerlei Hinsicht ‚hart im Nehmen'. Es sind die für Karauschen typischen Eigenarten, die Goldfische auch unter ungünstigsten Bedingungen überleben lassen. Pflegefehler überstehen sie daher in größerem Maße als viele andere Fischarten. Innerhalb gewisser Grenzen ist das auch aus Sicht des Tierschutzes akzeptabel, was Goldfische erst einmal zu sehr geeigneten Fischen für Neulinge macht.

Jedoch weisen Goldfische zwei Eigenarten auf, die sie von anderen Anfängerfischen unterscheiden. Zum einen ist da ausgerechnet ihre Langlebigkeit. Hat man nach zehn Jahren noch Lust darauf, wo es doch so viele andere interessante Arten gibt? Die Fische können bei guter Pflege noch viele weitere Jahre Lebenserwartung vor sich haben. Zum Zweiten können Goldfische relativ groß werden. In Kombination mit ihrer Geselligkeit und ihrer Schwimmfreudigkeit ergibt sich die Notwendigkeit eines großen Aquariums.

Links: Übergangsform zwischen ‚Wakin' und ‚Fantail' mit Resten der dunklen Jugendfärbung.

Rechts: Junger Normaler Goldfisch, zitronengelb.

Fotos: F. Teigler, Hippocampus Bildarchiv

Foto: N. Krause

Die Geschichte

Der Westsee, einer der schönsten Seen Chinas. Aus ihm stammten die Vorfahren der Goldfische.

Von der Silberkarausche zum Goldfisch

Wirbeltiere (außer Säugetieren) weisen gelegentlich eine Xanthismus genannte Mutation auf, bei der wegen Melaminmangels die oberen dunklen Pigmente fehlen, sodass darunter liegende Carotine und Pteridine das Tier färben. Berichte aus dem 3. Jahrhundert n. Ch. zeigen, dass chinesische Fischer rotgoldene Exemplare der sonst unauffällig gefärbten Silberkarauschen kannten und sie als Besonderheit betrachteten statt als Speisefisch.

Im 5. bis 7. Jh. verbreitete sich der Buddhismus in China und sein Ideal, Leid zu vermeiden, traf sich mit der Bewunderung für diese goldenen Fische. Während man sie anfangs nur ins Was-

Goldfische in Wuzhen.

Illustration von A.F. Lydon in Houghton (1879) British Freshwater Fishes.

Kaiser Song Gaozong machte aus „himmlischen Wundern" prestigeträchtige Liebhabertiere.

Nationales Palastmuseum, Taipeh.

ser zurücksetzte, baute man später in der Nähe von Tempeln sogenannte Gnaden- oder Barmherzigkeitsteiche, die auch Schildkröten und andere Wassertiere aufnahmen.

Während der Song-Dynastie (960-1279) waren Gnadenteiche weit verbreitet. Die anpassungsfähigen Silberkarauschen pflanzten sich in diesen Teichen fort und vererbten den Xanthismus. So entstanden gehütete Bestände ungewöhnlich gefärbter Wildtiere. Auch im Westsee bei Hangzhou fing man goldene Fische, bat den Kaiser darum, den See zum Barmherzigkeitssee zu erklären und setzte dort massenhaft weitere Fische aus. Hangzhou ist somit der eigentliche Ursprungsort der Goldfische, die bei den Mönchen als himmlische Wunder galten. Kaiser Song Gaozong hielt die bis dahin als heilig verehrten goldenen Fische zur Zierde und Repräsentation. Sie wurden beim Adel der Song-Dynastie sehr begehrt und von fachkundigem Personal betreut und vermehrt: Der Beruf des Goldfischzüchters war geboren.

Drachenkübel und Domestikation

Nach der Song-Dynastie breitete sich die Goldfischhaltung in ganz China aus. Aus den subtropischen Gnadenteichgebieten (Jiaxing, Hangzhou, Nanjing) gelangten Goldfische in den kühleren Norden und erreichten in der Yuan-Dynastie um 1330 Chenkiang und Bejing. Auch die nichtadelige Bevölkerung hielt nun Goldfische und vermehrte sie in Teichen. Jetzt wurden auch von der Wildform abweichende Farbvarianten züchterisch selektiert. Besonders kostbar waren mehrfarbige Fische.

Goldfische auf einem Teller der Quing-Zeit mit verschiedenen Zuchtformen.

Museum für Angewandte Kunst, Frankfurt a. M.

Während der Ming-Dynastie (1368 bis 1644) änderte sich die Haltung: Man richtete in großen irdenen Kübeln Miniaturtümpel mit Wasserpflanzen, Fischen, Fröschen und Kaulquappen ein. Später wurden die Behälter noch viel kleiner und karger, sodass selbst ärmste Familien mit wenig materiellem und räumlichem Aufwand Goldfische in kleinen Gefäßen pflegten. Diese sogenannten „Drachenkübel" bestanden meist aus gebranntem Ton, oft aus Holz und bei wohlhabenden Leuten aus Porzellan.

In den Kübeln konnten Mutationen überleben, denen im Freiland die Flucht vor Fressfeinden nicht gelungen wäre. Das Interesse daran war groß, sodass gezielt weitergezüchtet wurde. 1569 schrieb Zhang Qian De das erste Buch über Goldfischzucht. Er beschrieb Farbvarietäten, drei- und vierlappige Schwänze, nach außen gewölbte Augen, Drachenfische, Eierfische usw. Während der Ming-Dynastie vollzog sich also die Domestikation und gegen Ende der Ming-Dynastie gab es kaum noch eine Wohnung oder einen Garten ohne Goldfische. In nur etwa hundert Jahren entstanden die meisten der heute üblichen Züchtungen.

Goldfischbehälter im Esterhazy-Schloss Fertöd (Ungarn).

Goldfische in Europa

Zwischen 1611 und 1691 erreichten Goldfische erstmals Europa, entweder Portugal, England oder die Niederlande. In England wurden sie Anfang des 18. Jahrhunderts schnell modern. Der Legende nach bekam Madame Pompadour Goldfische geschenkt, was dazu geführt haben soll, dass sie sich nicht nur in der französischen Aristokratie, sondern in ganz Europa durchsetzten.

1797 nannte Bechstein in seiner „Naturgeschichte der Stubenthiere" neben vielen anderen Tieren nur zwei Fische: Schlammpeitzger und Gold-

Kurz nach Linnés Erstbeschreibung waren mehrere Formen von *Cyprinus auratus* (damaliger Name) bekannt.

Aus Bloch, Allgemeine Naturgeschichte der Fische, 1782-1795, Berlin.

Lithographie von Lacépède. Histoire naturelle de Lacépède, Paris,1876.

Foto: Pawlikj, Lizenz: CC BY-SA 4.0

Dekorativ, aber nicht artgerecht. Gußeisen-Aquarium der J.W. Fiske Ironworks, New York City aus den 1880er-Jahren

fisch. Diese extrem widerstandsfähigen Arten waren die einzigen, die mit dem Wissen und den Möglichkeiten dieser Zeit im Haus gehalten werden konnten. Die Verbreitung in Europa fand also zur Zeit des Rokoko und der Chinoiserie statt; chinesische Zierfische passten hier perfekt. Merkwürdigerweise wurden trotz der Vorliebe für chinesisches Porzellan die porzellanen Drachenkübel nicht übernommen. Stattdessen setzte man die Tiere in kugelförmige Gläser, deren Verhältnis von Wasseroberfläche zu Wassermenge kleiner war. Neben den naturwissenschaftlichen Kupferstichen fanden Goldfische jetzt auch Eingang in die europäische Kunst.

„Schleierschwänze" wurden erst 1872 aus Japan nach Paris importiert. Daraufhin versuchte man sich auch in Europa, speziell in Deutschland, an der schwierigen Zucht dieser Formen. Paul Nitsche, Vorsitzender eines Berliner Aquarienvereins und der Zierfischzüchter Paul Matte lieferten sich einen erbitterten Wettstreit. Der Fachbuchautor Ernst Bade mischte mittels Publikationen in dieser Auseinandersetzung mit und trug zur Legendenbildung um die Matte'schen Züchtungen als angeblich erste für die seitliche Ansicht im Glasgefäß gezüchteten Schleierformen bei. 1908 veröffentlichte Herold einen Standard für Goldfischzüchtungen, auf den die berühmten Schleierfische von Matte großen Einfluss hatten. Der Standard gab vier Formen vor: Schleierfische, Teleskopschleierfische, Himmelsaugen und Eierfische. Es war die große Zeit der deutschen Goldfischzucht.

Foto: H. Hristov

Biologie des Goldfischs

Eine bemerkenswerte Verwandtschaft

Cyprinidae (Karpfenartige) sind eine artenreiche Gruppe von Süßwasserfischen, die sich urspünglich in Südostasien entwickelte. Karpfen (Gattung *Cyprinus*) und Karauschen (*Carassius*) sind die bekanntesten Vertreter. Sie unterscheiden sich unter anderem durch die Barteln am Maul der Karpfen, Karauschen besitzen keine.

Goldfische zählen zu den Karauschen, von denen man seit 2017 fünf Arten kennt. Die heimische Gewöhnliche Karausche *Carassius carassius* ist extrem zäh und anpassungsfähig; sie erträgt starke Wasserverschmutzung und Sauerstoffmangel. Austrocknung überdauert sie im Schlamm eingegraben. Durch Fettspaltung kann sie Sauerstoff produzieren, was in zugefrorenen Seen Vorteile bringt. Nebenprodukt dieses anaeroben Stoffwechsels ist Ethanol, sodass zeitweise Frostschutzmittel im Blut ist; in schwedischen Seen wurden in harten Wintern messbare Alkoholgehalte nachgewiesen. In kleinen, stark verkrauteten Tümpeln ist sie oft die einzige überlebensfähige Fischart. Die Anspruchslosigkeit der nah verwandten Goldfische ist also nicht verwunderlich.

Foto: DEBORAHY

Eine in China gefangene Silberkarausche. Sie sind bis heute Speisefische.

Die Wildform des Goldfischs

... war und ist umstritten. Sie stammen aus China und wurden in Europa ursprünglich „Goldkarpfen" genannt, die Verwandtschaft war deutlich. Als europäische Forscher erkannten, dass es sich um gezüchtete Haustiere handelt, vermutete man Karpfen, Karauschen oder Kreuzungen von beiden als Ahnen. Es gehörte zum Mythos, dass die Ursprünge im Dunkel der Geschichte lägen.

Dieser nicht xanthoristische Goldfisch kommt der Wildform nahe. Der für gut genährte Tiere charakteristische Buckel ist bereits bei diesem einjährigen Jungfisch zu erkennen.

Ein Giebel aus der Theiß in Ungarn.

Außer der Gewöhnlichen Karausche gibt es in Europa eine zweite Art, die oft mit ihr verwechselt wurde: der Giebel. Und hier wird es kompliziert: Das Vorkommen der in Ostasien lebenden Silberkarauschen/ Silbergiebel grenzt in Mittelasien an das der Gewöhnlichen Karausche, liegt aber etwas südlicher. Die Verbreitungsgebiete von Giebel (Zentralasien bis Europa) und Silberkarausche (Ost- bis Zentralasien) sind jedoch deutlich getrennt, obwohl sie als selbe Art gelten. Vermutlich haben chinesische oder tatarische Händler Silberkarauschen im Gebiet des Aralsees ausgesetzt, die nach Westen bis Deutschland vordrangen und Giebel genannt wurden. In den Randgebieten der Verbreitung zeigen sie erstaunliche Anpassungen: Einige leben in der estnischen Ostsee. Andere Bestände bestehen nur aus Weibchen: Die Eier werden von anderen Cypriniden besamt, deren Spermien ohne Befruchtung die Entwicklung auslösen. Diese Fortpflanzung, ermöglicht durch Polyploidie, heißt Gynogenese.

Asiatische Literatur wird in Europa nur selten ausgewertet. Biochemische Untersuchungen bestätigten die Silberkarausche als „Stammvater" des Goldfischs, doch in Europa gilt der Giebel als Vorfahre und man setzt Silberkarausche und Giebel gleich. Sowohl Giebel als auch Goldfische stammen wohl von Silberkarauschen ab; asiatische Autoren unterscheiden gelegentlich zwischen Silberkarausche und Giebel.

Auch Mitautoren einer 2015er-Überarbeitung der Cypriniden haben Zweifel an der Abstammung des Goldfischs vom Giebel. Genetische Untersuchungen werden verstärkt vorgenommen und sorgen für weitere Überraschungen: So bestätigten sibirische Genetiker 2015, dass Goldfische von asiatischen Silberkarauschen abstammen – und dass bei einer Goldfischlinie Erbgut von Koi nachweisbar ist.

Es sind also nicht nur natürliche Artbildungsprozesse in vollem Gang, sondern es liegen auch züchterische Hybridisierungen vor. Es bleibt spannend!

Der wissenschaftliche Name

1758 nannte Linné Goldfische *Cyprinus auratus*. Er sortierte sie mit vielen anderen Karpfenfischen in diese Gattung ein. Weil die Unterschiede doch zu groß waren, wurden sie später aufgeteilt. Karauschen wurden eine eigene Gattung und der Goldfisch wurde zu *Carassius auratus*.

1782 nannte Bloch den Giebel *Cyprinus gibelio* (jetzt *Carassius gibelio*). Da dieser als Wildform des Goldfischs und somit als identische Art angesehen wird, ist nach der Prioritätsregel dieser jüngere Name für eine bereits benannte Art eigentlich ein ungültiges Synonym – wenn da nicht das Problem wäre, dass Linné ein Haustier statt eines Wildtiers beschrieben und ihm einen wissenschaftlichen Namen gegeben hatte.

2005 entschied die International Commission on Zoological Nomenclature (ICZN), dass für siebzehn ursprünglich als Haustier beschriebene Arten der später vergebene Name der Wildform für diese und für von ihr nicht unterscheidbare Haustiere Gültigkeit hat. Dazu gehört der Giebel, der daher *Carassius gibelio* heißt. Aufgrund der Unterscheidbarkeit bleibt es für Goldfische bei *Carassius auratus*. Trotzdem verwenden einige deutsche Autoren für Goldfische den Namen der Wildform mit einem entsprechenden Zusatz (*Carassius gibelio* forma *auratus*). Bis weitere Untersuchungen mehr Klarheit schaffen, nenne ich Goldfische regelkonform weiterhin *Carassius auratus*.

Der Körperbau

Die äußere Gestalt

Kopf, Rumpf und Schwanz des Goldfischs bilden ein spindelförmiges Ganzes, das dem Wasser möglichst wenig Widerstand bietet. Die Haut, in die harte Schuppen eingelagert sind, ist glatt und schleimig. Die Flossen sind häutige, von knöchernen Strahlen durchzogene Ruder- und Steuerorgane. Man unterscheidet unpaarige und paarige Flossen: Die Schwanzflosse (Caudale) unterstützt die schlängelnde Bewegung des Körpers, was dem Fisch Vortrieb verleiht (subcarangiforme Schwimmweise). Die Rückenflosse (Dorsale) stabilisiert, vereinfacht ausgedrückt verhindert sie das Umkippen bei Wendemanövern und ermöglicht das Spurhalten bei schnellem Schwimmen. Ähnlich stabilisierende Funktion hat die Afterflosse (Anale). Brust- und Bauchflossen (Pectorale, Ventrale) sind paarige Flossen und entsprechen entwicklungsgeschichtlich unseren Gliedmaßen. Sie dienen der Steuerung und Manövrierung, vor allem bei langsamer Bewegung.

Die Augen sitzen seitlich am Kopf und können gezielt in bestimmte Richtungen bewegt werden. Es sind typische Wirbeltieraugen, die bei Fischen relativ groß sind: Da die Linse eine dem umgebenden Wasser sehr ähnliche optische Dichte hat, ist sie fast kugelförmig, um eine ausreichende Lichtbrechung auf die Netzhaut zu erzielen.

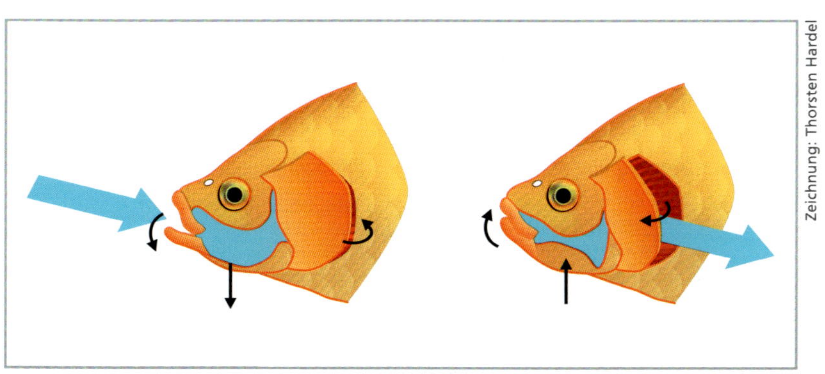

Zeichnung: Thorsten Hardel

Aktive Atmung: Öffnen des Mauls und Senken des Mundbodens schließt das Operculum.

Ventilfunktion: Wasser strömt durchs Maul in die Mundhöhle. Schließen des Mauls und Heben des Mundbodens lassen Atemwasser an den Kiemen vorbei wieder ausströmen.

Nasenlöcher oberhalb des Mauls dienen nicht der Atmung, sondern mithilfe der dahinter liegenden Riechgrube dem gut entwickelten Geruchssinn.

Das Maul ist endständig und ermöglicht universelle Nahrungsaufnahme. Da es nach vorne unten ausstülpbar ist, ergibt sich zusätzlich eine Spezialisierung auf Bodennahrung. Die Mundöffnung dient auch der Atmung, durch sie strömt Wasser zu den Kiemen. Die Kiemen sitzen am Ende des Kopfes. Sie sind kaum zu sehen, da sie bei Knochenfischen von einem Kiemendeckel (Operculum) und einem darunter liegenden dünnen Häutchen (Ligament) verdeckt werden. Das Zusammenspiel von Mundöffnung, Mundhöhlenboden und Operculum ermöglicht in Ruheposition eine aktive Atmung. Die Seitenlinie beginnt hinter dem Operculum und zieht sich bis zum Schwanzstiel. Sie ist der äußerlich sichtbare Teil des Seitenlinienorgans.

Die Afteröffnung liegt vor der Anale. Dort münden Enddarm und die Gänge der Ausscheidungs- und Geschlechtsorgane.

Wildform	Chines. Silberkarausche; Giebel *Carassius gibelio* wohl auch nur von Silberkarausche abstammend; Systematik und Taxonomie weiterhin unklar!
Wissenschaftlicher Name	*Carassius auratus* (Linné, 1758)
Deutscher Name	Goldfisch (früher auch: Goldkarpfen, Chinesisches Goldfischchen)
Englischer Name	Goldfish
Französischer Name	Poisson rouge
Flossenformel	D III–IV /14/ 15-19; A II–III 5-6; P I /15/ 16 /17/; V I 8
Schlundzahnformel	4.-4.
Anzahl Chromosomen (2n)	meist 100 (auch 94, 156 und 162 bekannt), polyploid 200
Körperlänge	meist bis 30 cm; große individuelle Unterschiede
Gewicht	bis 1.000 g, in Ausnahmefällen bis 3.000 g
Lebenserwartung	ca. 20 Jahre (Hochzuchten weniger, Normalform bis 43 Jahre als Rekord)
natürliche Verbreitung	Wildform in Ostasien vom Amurgebiet bis Hinterindien; in Japan wohl nur eingeführt
Vorkommen	Sümpfe, Seen, tote Flussarme, langsam fließende Gewässer
Nahrung	Allesfresser. Wirbellose Kleintiere. Im Alter auch pflanzliche Nahrung.
Verhalten	friedlich und gesellig; wildes Paarungstreiben; alle Wasserschichten, bevorzugt bodennah in Ufernähe
Geschlechtsunterschiede	w: leicht ausgebuchtete Analregion, m: leicht eingebuchtet; m: zur Paarungszeit mit Laichausschlag
Aquariengröße	mindestens 100 × 40 × 50 cm³ (200 l) für drei mittelgroße Fische, besser größer
Anzahl Fische	mindestens 3
Temperatur	6 bis 30 °C im Jahreslauf, dauerhaft nicht bei Extremwerten; ganzjährig um 19 °C möglich
Wasserhärte	8 bis 25°d GH, 6 bis 18°d KH
Säuregrad	pH 6,5 bis 8,5

Das Innere des Goldfischs

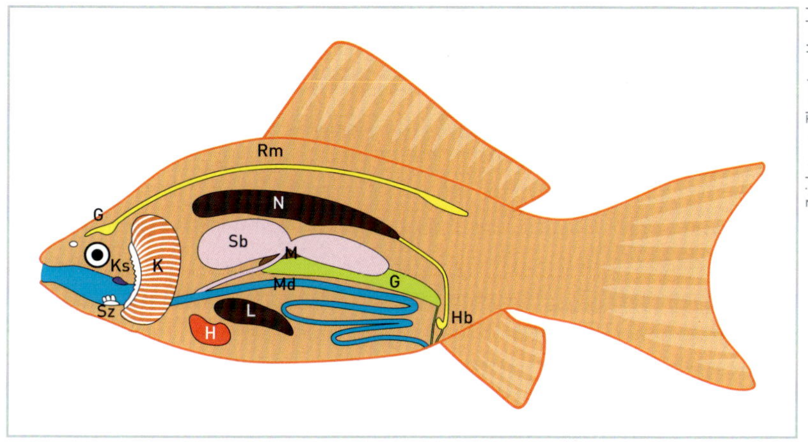

Zeichnung: Thorsten Hardel

Sz: Schlundzähne
Ks: Karpfenstein
G: Gehirn
K: Kiemen
Md: Mitteldarm
H: Herz
L: Leber
N: Nieren
M: Milz
Sb: Schwimmblase (craniale und caudale Kammer)
G: Geschlechtsorgane (Hoden oder Eierstöcke)
Hb: Harnblase

Die Wirbelsäule trägt vorne den Schädel mit dem Gehirn, Rippen und Gräten schützen innere Organe, Muskeln ermöglichen die Bewegung der Knochen. Der Kiefer ist zahnlos, am Ende der Mundhöhle sitzen auf den fünften Kiemenbögen je vier mahlende Schlundzähne. Ihr Gegenstück auf dem oberen Schlundknochen ist eine verhornte Knochenplatte (Karpfenstein).

Ein Magen fehlt, die Speiseröhre geht direkt in den Mitteldarm über, in dem auch die Ausführgänge von Leber (Gallengang) und Bauchspeicheldrüse enden und Verdauungssäfte abgeben. Die Darmschleimhaut nimmt Nährstoffe ins Blut auf.

Die Schwimmblase mit zwei Kammern ist aus einer Aussackung des Vorderdarms hervorgegangen und entwicklungsgeschichtlich gleichen Ursprungs wie die Lunge. Sie dient nicht der Atmung, sondern als hydrostatisches Organ: Durch Gasabgabe und -aufnahme reguliert der Fisch den Auftrieb und schwebt in unterschiedlichen Wassertiefen. Ihre Form und Position stabilisiert auch die Lage. Wie unser Trommelfell nimmt die Schwimmblase Schallwellen auf. Weber'sche Knöchelchen übertragen die Schwingungen zum Innenohr. Goldfische können daher gut hören.

Schlundknochen eines Goldfischs. Bei den abgebildeten Kiemenbögen fehlt das vierte Schlundzahnpaar.

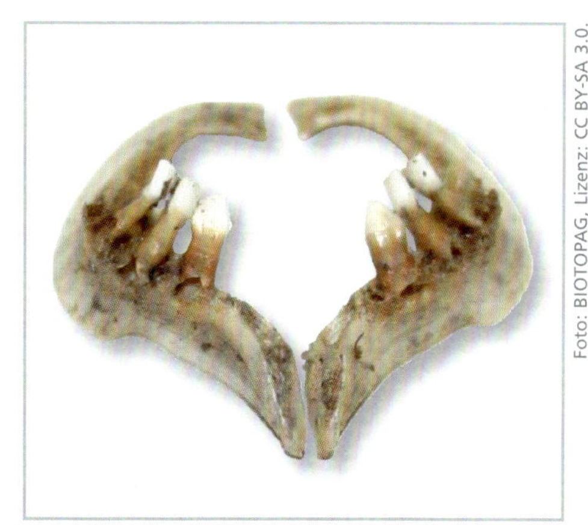

Die Nieren haben viel zu tun. Das Gewebe hat einen höheren Salzgehalt als Süßwasser, weswegen ständig Wasser in den Fisch einströmt, was dieser wieder ausscheiden muss. Schwer geschädigte Nieren führen zum Anschwellen des Fischs (Bauchwassersucht, Ascites). Im Gegensatz zu den „Trinkern" im Meer, die aufgrund des Salzwassers permanent Wasserverlust ausgleichen müssen, sind Süßwasserfische also „Pinkler".

Durch afferente (lat. affere = hineintragen) Arterien wird Blut vom Herzen zu den Kiemen gepumpt, wo es Sauerstoff (O_2) aus dem Wasser aufnimmt und Kohlendioxid (CO_2) abgibt. Efferente (lat. effere = hinaustragen) Arterien leiten das Blut von den Kiemen in alle Körperteile, wo die Zellen O_2 verbrauchen und CO_2 produzieren. Venen führen das Blut zurück zum Herzen. Dieser einfache Kreislauf unterscheidet sich also vom menschlichen. Hinter den Öffnungen der Seitenlinie liegt das Seitenlinienorgan, mit Haarsinneszellen versehene Röhren. Sie nehmen Wasserbewegungen und Druckunterschiede einschließlich tiefer Töne wahr. Das ähnlich gebaute Innenohr hat sich daraus entwickelt.

Körperbau der Zuchtformen

Bei einigen Zuchtformen gibt es nur Unterschiede in der Färbung oder bei den Flossen, die vergrößert und formverändert sind. Andere Züchtungen weisen große körperliche Unterschiede auf, indem der Rumpf und manchmal auch der Kopf deutlich verdickt sind. Die Caudale (Schwanzflosse) wird als „verdoppelt" bezeichnet: Tatsächlich aber hat sich die eigentlich zweilagige Schicht aufgespalten. Bei dieser Gruppe von Zuchtformen kann die Rückenflosse (Dorsale) auch fehlen. Manchmal gibt es Exemplare, die nur Rudimente der Dorsale aufweisen; das ist dann züchterischer Ausschuss und gefällt eigentlich niemandem.

Auf dem Kopf kann sich eine Kappe aus Fettgewebe bilden, dieses auch bei der Normalform erkennbare Gewebe ist bei entsprechenden Züchtungen massiv verdickt. Die Augen sind bisweilen stark vergrößert und hervorstehend. Ursache ist die durch Überproduktion des Schilddrüsenhormons verdickte Netzhaut (Retina). Auf ungleichmäßig verdicktes Bindegewebe sind nach oben gedrehte Augen („Himmelsgucker") zurückzuführen. Daneben gibt es auch Formen, bei denen sich unterhalb der nach oben gedrehten Augen mit Gewebsflüssigkeit (Lymphe) gefüllte dünnhäutige Blasen bilden.

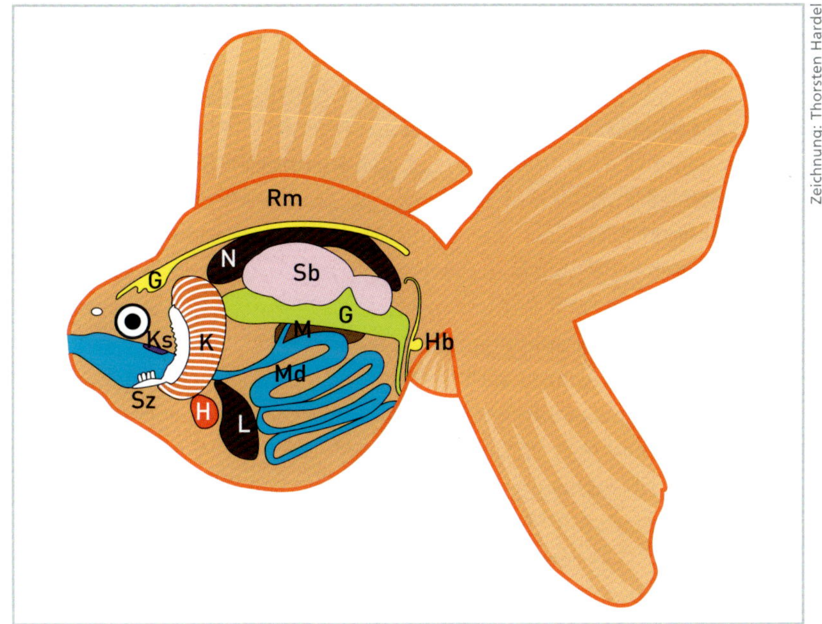

Sz: Schlundzähne
Ks: Karpfenstein
G: Gehirn
K: Kiemen
Md: Mitteldarm
H: Herz
L: Leber
N: Nieren
M: Milz
Sb: Schwimmblase (craniale und caudale Kammer)
G: Geschlechtsorgane (Hoden oder Eierstöcke)
Hb: Harnblase

Als Pompons (Nasenbouquet) bezeichnet man bei einigen Formen die stark vergrößerten fleischigen Nasenhöcker. Die Kiemendeckel sind in seltenen Fällen nach vorne gebogen (Quellkiemen). Bei Perlschuppen sind die Schuppen durch Kalkeinlagerungen halbkugelförmig verdickt.

Bereits Wakins können einen veränderten Schädelbau aufweisen: Eine Verkürzung des Gesichtsschädels und dessen Verschiebung unter den Hirnschädel ist ein typisches Domestikationsmerkmal (vgl. Schweine oder Hunde). Je nach Züchtung sind Goldfische also sehr „mopsköpfig". Bei einigen Ryukin-Formen ist der Gesichtsschädel verkleinert und zugespitzt (Mauskopf). Ein vergrößerter Kopfaufwuchs (Kappe, Wen) geht mit bestimmten Leisten am Schädeldach einher, die den Normalformen fehlen.

Bei den gestauchten Züchtungen *kann* die Wirbelsäule im Vergleich zur Normalform stärker gekrümmt sein. Dies ist seltener der Fall, als oft vermutet wird, denn auch Normale Goldfische haben unterschiedlich gekrümmte Wirbelsäulen. Die Hochzuchten sind insgesamt etwas verkürzt, der Darm ist aber verlängert. Bei den gedrungenen Züchtungen ist die hintere Kammer der Schwimmblase oft deutlich kleiner, hat eine andere Position oder fehlt komplett.

Geschlechtsunterschiede

Goldfische weisen kaum äußere Geschlechtsmerkmale auf. Am eindeutigsten sind Männchen in Laichstimmung zu erkennen. Sie tragen auf den Kiemendeckeln und im vorderen Bereich der Brustflossen deutlich sichtbaren Laichausschlag in Form weißer Pünktchen. Weibchen sind in Laichbereitschaft oft deutlich verdickt, aber keineswegs immer. Während der Laichzeit sind die Geschlechter auch am Verhalten zu erkennen. Solche, die andere Goldfische treiben, sind fast immer Männchen, unter Umständen können die getriebenen Tiere aber ebenfalls Männchen sein.

Außerhalb der Laichzeit sind die Geschlechter nur anhand der Analgegend zu erkennen: Seitlich betrachtet ist sie bei Männchen eher eingebuchtet, bei Weibchen eher vorgewölbt. Das Merkmal ist leider uneindeutig, sodass sich auch Fachleute oft irren.

Laichausschlag auf dem Kiemendeckel eines jungen Goldfischmännchens. Die Chinesen nennen die Pünktchen „Mannheitssterne".

Die Zuchtformen

Die verschiedenen Zuchtformen sind weder Arten noch Rassen. Goldfischarten gibt es genauso wenig wie Haushundearten, die Züchtungen stammen jeweils vom selben Vorfahren ab und sind untereinander fortpflanzungsfähig – sind also eine Art. Ziel einer Rassezucht wie bei Pferden oder Hunden sind reinerbige Merkmalsträger, was bei Goldfischen nicht erreichbar ist.

Foto: H.Hristov

Abweichende Merkmale der Zuchtformen. Außer dem gestauchten Körper sind folgende Einzelmerkmale möglich (die nicht alle bei diesem Tier zutreffen):

2: fleischige Auswüchse der Nasenscheidewände (Pompons)
3: vergrößerte Augen
O: Kiemendeckel (Operculum) nach vorne gebogen
P: Brustflosse (Pectorale) verlängert
V: Bauchflosse (Ventrale) verlängert
A: Afterflosse (Anale) vergrößert evtl. zweigeteilt
C: Schwanzflosse (Caudale) zweigeteilt und oft vergrößert
D: Rückenflosse (Dorsale) vergrößert oder auch fehlend
W: vergrößertes Fettgewebe am Kopf (Kopfaufwuchs, engl. wen)

Unüberschaubare Vielfalt

Der deutsche Standard von 1908 definierte vier Formen für Bewertungen. Der von der Federation of British Aquatic Societies (FBAS) herausgegebene Standard unterscheidet in der Ausgabe von 1977 siebzehn Formen. In China findet man mehr als 450 Varietäten. Ignoriert man Zwischenformen, hat man immer noch ca. 120 Formen. Japanische Züchtungen sind teils Eigenentwicklungen, teils Weiterentwicklungen chinesischer Formen. Die meisten international üblichen Namen für Goldfischformen sind japanisch. Wie soll man diese Vielfalt ordnen?

Es ging im alten China gar nicht darum, Fische zu züchten, die sich katalogisieren lassen. Man wollte einen einzigartigen Fisch, wie ihn kein anderer hatte. Es ist europäisches Denken, die Fische einordnen zu wollen. Andererseits entspricht das, was in deutschen Zoohandlungen erhältlich ist, – abgesehen vom Normalen Goldfisch und Kometenschweif – meist keinem Standard. Es sind mehr oder weniger nicht klassifizierte Fische mit unterschiedlichen Merkmalen und teils fantasievollen Verkaufsnamen. Vielleicht sollten wir es machen wie die alten Chinesen und uns daran freuen, einen einzigartigen Fisch zu besitzen. Diese Fibel gibt einen Überblick über die häufigsten Formen. Umfangreiche detaillierte Darstellungen möglicher Varietäten haben z. B. Teichfischer (1994) und Bernhardt (2001) vorgenommen.

Die Anale und die Ventralen sind zugespitzt, die Caudale nicht abgerundet. Dieser (leicht abgemagerte) Fisch scheint eine Mischung aus Normalem Goldfisch und Kometenschweif zu sein.

Foto: H. Hristov

Die Urform des Goldfischs *Carassius auratus.*

Gestreckte Formen

Gemeinsame Merkmale: Alle Flossen „einfach", auch Caudale (engl. *Singletails.* Ausnahme sind Grasgoldfische/Wakins), Körper ähnelt der Wildform und ist spindelförmig gestreckt. Britischer Standard legt auch Körperproportionen fest.

Besonderheiten: Von der Wildform abweichende Färbungen (Xanthorismus, Sarasa, kalikofarben, „schuppenlos"), je nach Züchtung vergrößerte und abweichend geformte Flossen.

Haltung: Robust und unempfindlich, für Gartenteiche und Aquarien geeignet (winterhart). Für die Aquarienhaltung werden zur Berechnung der benötigten Wassermenge auch die langen Schwanzflossen zur Körpergröße hinzugezählt.

Dieser Normale Goldfisch verliert seine roten Pigmente. Mangelpigmentierung erfolgt fast immer vom Bauch zum Rücken.

Rot-weißer Kometenschweif im Aquarium.

Normaler (Gewöhnlicher, Einfacher) Goldfisch

Dies sind gewissermaßen die „Urgoldfische", also xanthoristische Silberkaurauschen. Solch selten vorkommende Tiere wurden im alten China vor tausend Jahren in Gnadenteichen gehalten.

Sie besitzen einen spindelförmigen Körper und kurze Flossen, die Färbung ist meist metallisch rotgolden. Auch rot-weiße Fische (Sarasa) und zunehmend weiße Fische kommen vor. Die Flossen sind nicht vergrößert, Brust- und Bauchflossen ungefähr gleich groß. Die im Vergleich zu anderen Züchtungen kleine, natürliche Form der Caudale nennt man auch Karpfenschwanz (Carptail). Der britische Standard schreibt für den „Common Goldfish" detailliert Körperproportionen und Flossenformen vor; im Handel sind (wie in freier Natur auch) vielfältigere Fische zu finden.

Aufgrund des geringen Preises sind bisweilen Kümmerformen im Handel zu finden. Aber auch sie sind oft dankbare und langlebige Pfleglinge.

Foto: F. Teigler, Hippocampus Bildarchiv

Foto: F. Teigler, Hippocampus Bildarchiv

Kometenschweif (Kometenschwanz, Schwalbenschwanz)

Die Körperform gleicht der des Normalen Goldfischs. Der Name nimmt Bezug auf die vergrößerte und lang ausgezogene Schwanzflosse. Meist (und nach britischem Standard) sind jedoch alle Flossen vergrößert, idealerweise sind Brust- und Bauchflossen eher spitz zulaufend mit gerader Kante.

Amerikaner sehen sich gerne als Entwickler der „Comets", jedoch stammen sie aus Japan, woher der Name „Schwalbenschwanz" kommt. Der deutsche Standard von 1908 erwähnt in einer Fußnote „Kometfische". Der amerikanische Standard sah sehr hohe Rückenflossen vor, die heute selten sind.

Bietet man den langflossigen Tieren im Aquarium ausreichend Platz und gute Ernährung, können sich sehr majestätische Fische entwickeln. Einige Jungfische im Handel weisen eine im Verhältnis zum Körper zu schnell gewachsene Schwanzflosse auf, sie bleiben meist auch im Alter eher unproportioniert.

Foto: H. Hristov

Kometenschweife in der unauffälligen grau-braun-olivfarbenen Wildfärbung nennt man Eisenfisch. Sie wurden erstmals 1922 auf einer Ausstellung gezeigt. Laut Teichfischer (1994) entstanden sie durch Kreuzung eines Fransenschwanzes (Fringetail) mit einem Silbergiebel. Bernhardt (2001) nennt Schwalbenschwanz und Giebel als Vorfahren. Meiner Erfahrung nach treten auch bei im Teich gehaltenen Kometenschwänzen Rückmutationen auf, die nur die Farbe, nicht aber die Flossenformen betreffen.

Diese Fische sind rar. Manchmal schwimmen in Verkaufsbecken junge dunkle Kometenschwänze versteckt zwischen anderen Goldfischen und sind günstig zu haben. Manchmal werden sie auch (deutlich teurer) gezielt als „Schwarze Kometen" angeboten. In beiden Fällen ersteht man ein Überraschungspaket: Die Tiere behalten die schwarze Farbe nicht, sondern färben sich meist nur deutlich später um als ihre Artgenossen und verlieren dabei manchmal sogar auch die roten Pigmente. Fälle, in denen sie dauerhaft die Wildfärbung ausbilden, sind seltener und am ehesten unter Teichnachwuchs von Kometenschwänzen zu finden.

Junger Sarasa-Kometenschweif.

Foto: F. Teigler, Hippocampus Bildarchiv

Shubunkin

Vielfältige Fische mit gesprenkelter Kaliko-Färbung (fälschlich „schuppenlos“ genannt). Der britische Standard definiert den **London Shubunkin**, der dem Common Goldfish entspricht, aber statt metallischer Farbe die stumpfe Oberfläche mit Perlmuttschimmer in allen Farben und Kombinationen (mind. 25 Prozent Blauanteil) hat. **Bristol Shubunkin** haben lappig vergrößerte Schwanzflossen mit gerundeten Enden und hohe Rückenflossen. Der **Japanische Shubunkin** („Fünffarbiger Schwalbenschwanz“) ist ein kalikofarbener Kometenschweif (Komet-Shubunkin). **American Shubunkin** haben ebenfalls tief gegabelte und spitz ausgezogene Caudalen.

Zwei verschiedene Shubunkin-Formen. Links: American-Shubunkin, rechts: Bristol-Shubunkin.

Obwohl Shubunkin die Färbung bezeichnet, meinen Japaner damit langflossige Fische. Dieser Tradition folgen die American Shubunkin. Im hiesigen Handel sind allerlei Shubunkin (oft von normaler Körper- und Flossenform) zu finden, die keinem der strengen Standards entsprechen, sondern lediglich die Kaliko-Färbung als Merkmal tragen. Mir fallen zunehmend blassere und farblos erscheinende Tiere auf. Die strenge Farbvorgabe des britischen Standards wirkt dem entgegen. Bristol Shubunkin mit ihrer typischen Flossenform sind außerhalb Englands extrem selten. Hinsichtlich ihrer Ansprüche unterscheiden sich alle Shubunkin nicht vom Normalen Goldfisch bzw. Kometenschweif.

Foto: © Altin Osmanaj – stock.adobe.com

Grasgoldfisch (jap. Wakin)

Diese Fische sind gestreckt, haben aber eine (zumindest teilweise) geteilte Schwanzflosse. Sie hat etwa die normale Größe eines Karpfenschwanzes, ist aber von sehr variabler Form: Manche sind komplett geteilt wie bei einem Fächerschwanz, andere nur in der unteren Hälfte (und können dann einem Flugzeugheck ähneln). Die anderen Flossen und der Rumpf sind denen des Normalen Goldfischs gleich.

In China waren diese Mutationen die Vorfahren der nachfolgend vorgestellten Fische mit verdicktem Körper (Schleierschwänze). Solche Goldfische mit dreiteiligem Schwanz waren 1758 auch die Vorlage für die wissenschaftliche Erstbeschreibung des Goldfischs als *Cyprinus auratus* durch Linné.

Die „Schleierschwänze"

Gemeinsame Merkmale: Gestauchter und verdickter Rumpf, unterschiedlich hochrückig. Schwanzflosse (Caudale) geteilt (doppelt).

Besonderheiten: Je nach Zuchtform unterschiedlich stark vergrößerte und geformte Flossen. Bei „echten" Schleierformen lang herabhängend, bei anderen kurz und aufrecht gehalten, auch Zwischenformen vorkommend. Vielfältige Färbungen: rotgolden bis gelblich, schwarz, weiß, sarasa (rot-weiß), kaliko, tancho (weiß mit rotem Kopffleck). Die Augen können verdickt sein. Einige Züchtungen haben einen Kopfaufwuchs (Wen). Weiterhin können Perlschuppen bei einigen Züchtungen als Merkmal auftreten, was dann meist als eigene Zuchtform bezeichnet wird. Umgewendete Kiemendeckel können als Mutation prinzipiell auch bei den gestreckten Formen auftreten, werden aber als gezieltes Zuchtmerkmal nur bei den gestauchten Varietäten angeboten (in Europa kaum erhältlich). Die fleischigen Auswüchse der Nasenscheidewände können pomponartig oder filamentös vergrößert sein (Nasenbouquet).

Haltung: Generell sind diese Formen wärmebedürftiger. Manche Tiere lassen sich an kälteres Wasser gewöhnen, andere wiederum nicht. Schwimmblasenerkältungen und falsche Ernährung können zum Auftriebssyndrom führen. Generell sind gestauchte Formen anspuchsvoller und empfindlicher als gestreckte. Unter den handelsüblichen, kaum klassifizierbaren Schleierschwänzen sind die meisten von nicht züchterisch perfekter runder Gestalt. Diese schlanken Exemplare gestauchter Zuchtformen sind oft unkomplizierter und weniger anfällig.

Oben:
Kaliko-Ryukin,
gesprenkelt.

Oben: Sarasa-Ryukin mit Fantail-ähnlicher Caudale. Der Rotanteil befindet sich unten anstatt oben.

Ryukin

Ryukin haben einen eiförmigen oder buckelrückigen Körper. Die lange geteilte Caudale ergänzt eine ebenfalls geteilte lange Anale, was dann auch als vierschwänzig bezeichnet wird.

Es ist eine alte, in der Ming-Zeit aus dem Grasgoldfisch entstandene Form mit heute modernen Variationen. Ab dem 17. Jahrhundert auf Okinawa (Ryukyu-Archipel) gezüchtet, erhielt sie im 18. Jh. den japanischen Namen *Ryukyo kingyo* (Ryukyu-Goldfisch), kurz Ryukin.

Rechts: Auf einer thailändischen Ausstellung preisgekrönter Fisch mit „Mauskopf“.

Foto: © guidenuk – stock.adobe.com

Sehr schönes Exemplar eines noch nicht umgefärbten Fantails.

Aufgrund nicht hängender, meist kurzer Caudale ist „Schleierschwanz“ bei diesem Fantail als Name unzutreffend.

Fächerschwanz (engl. Fantail)

Gestauchte Körperform mit vollständig geteilter und gegabelter Caudale. Sie wird wie ein Fächer abgespreizt und hoch getragen. Asiatische Fächerschwänze sind für Aufsicht in Schalen und Kübeln gezüchtet, britische und amerikanische Fantails für seitliche Ansicht im Aquarium.

Sie haben ebenfalls Grasgoldfische als Ahnen und waren früher schlanke Fische, die erst im frühen 20. Jahrhundert in gestauchter Form standardisiert wurden.

Foto: H.Hristov

Schleierschwanz (engl. Veiltail)

Bei diesem Männchen ist deutlich der Laichausschlag auf Kiemendeckeln und Brustflossen zu erkennen.

Kurze und gerundete Körperform mit schleierförmig langer und herunterhängender Schwanzflosse, bisweilen ist auch die Afterflosse geteilt. Auch Rücken-, Brust- und Bauchflossen sind lang; die lange Rückenflosse wird aufrecht gehalten. Dies ist die einzige Varietät, die den Namen Schleierschwanz zu Recht trägt. Mit ausgefranster Caudale heißen sie Fringetails (Fransenschwanz).

Veiltails wurden in den 1920er-Jahren von Mr. Barret in Philadelphia aus überlebenden japanischen Schleierschwänzen der Chicagoer Weltausstellung von 1893 gezüchtet. Die weitere Entwicklung fand in England statt. Bei der Standardisierung orientierte man sich am Matte'schen Schleierfisch. Trotz anderer Herkunft sehen Veiltails also dem alten deutschen Schleierfisch ähnlich.

Meinem persönlichen Geschmack nach oft (keineswegs immer) sehr schöne Fische mit nostalgischem Flair. Sie sind jedoch empfindlich gegen kühles Wasser. In guter Qualität sind sie in Kontinentaleuropa sehr selten.

Hochzucht-Veiltails sind generell eher wärmebedürftiger als die Normalform. Eine Vergesellschaftung mit Skalaren ist dennoch nicht zu empfehlen.

Drachenauge, Teleskopauge (chin. Demekin, engl. Globe Eye)

Foto: H.Hristov

Kaliko-Drachenauge.

Diese variantenreiche Gruppe ähnelt Veiltails oder Ryukin, seltener Fantails. Namensgebendes Merkmal sind verdickte kugelige, zylinder- oder kegelförmige Augen. Je nach Zuchtform weisen sie unterschiedliche Farben auf.

Anfangs waren Drachenaugen gestreckte Fische; später erfolgte eine Kreuzung mit *Wen*-förmigen Fischen und heute werden schlanke Formen nicht mehr gezüchtet. Der deutsche Teleskopfisch nach dem 1908er-Standard war dickbäuchig mit samtschwarzer Farbe und kugeligen Augen; der britische Standard übernahm ihn mit tautologischer Namensgebung als Black Moor, als Schwarzen Mohren. Zunehmend werden (von Nichtengländern) alle großäugigen Formen jedweder Farbe unsinnigerweise als Moor bezeichnet.

Foto: H.Hristov

Die Dorsale dieses prächtigen Black Moore ist von perfekter Form und Haltung.

Fotos: H.Hristov

Kaliko-Oranda.

Rot-weißer Oranda.

Holländischer Löwenkopf (Oranda)

Orandas ähneln in Körperform und Beflossung Veiltails, sind aber vielfältiger und diesbezüglich weniger streng standardisiert. Charakteristisch ist ihr Kopfaufwuchs, der unterschiedliche Formen und Größen haben kann. Es ist eine sehr groß werdende Zuchtform. Sie soll 60 Zentimeter erreichen können; ich selbst habe schon 35-Zentimeter-Exemplare im Handel gesehen. Bei der Pflege dieser imposanten Zuchtform sollte man ihr Größenpotenzial berücksichtigen. Wie alle Hochzuchten sind sie keine Anfängerfische.

Diese Züchtung wurde im frühen 19. Jahrhundert in Nagasaki bekannt: Vermutlich wurden sie über diese Handelsstadt aus China importiert und in Japan populär. Das japanische Wort Oranda bedeutet Holland, was damals in Japan als besonders exotisch galt.

Foto: H.Hristov

Schwarzer Oranda.

Foto: © galina savina – stock.adobe.com

Der Rücken dieses Ranchu ist glatt und eben. Wie vorgeschrieben sind nicht einmal Rudimente der Dorsale zu erkennen.

Goldfische ohne Rückenflosse

Gemeinsame Merkmale: Typisches Merkmal dieser Gruppe ist die fehlende Dorsale (Rückenflosse). Die Gruppe der ‚Eierfische'/‚Löwenköpfe' hat einen gestauchten Körper, die Gruppe der ‚Augenfische' einen eher gestreckten Rumpf (gleichwohl etwas dicker als bei den oben beschriebenen gestreckten Zuchtformen).

Besonderheiten: Auch bei dieser Gruppe können alle möglichen Färbungen auftreten, meist handelt es sich aber um gleichmäßig einfarbige Fische, bei den Eierfischen/Löwenköpfen seltener auch um Kalikos.

Haltung/Ansprüche: Generell sind diese Tiere nur für das Aquarium geeignet. (Ausnahme: Himmelsgucker).

Eierfisch

Wie ein Ei sieht dieser Fisch auch aus. Ein gedrungen dicklicher Fisch mit meist kurzen Flossen (Caudale geteilt) aber ohne Dorsale. Eierfische sind eine alte, selten gewordene Form und Vorfahren der beiden folgenden Formen.

Ein Eierfisch mit interessanter Färbung. Eierfische haben keinen Kopfaufwuchs.

Gestreckter Rücken und die Haltung der Caudale sind Merkmale des Löwenkopfes im Vergleich zum Büffelkopf.

Foto: © galina savina – stock.adobe.com

Chinesischer Löwenkopf (Lionhead)

Anders als Orandas haben sie keine Rückenflosse und die Schwanzflosse ist kurz und wird fast senkrecht gehalten. Der Rücken geht eher waagerecht in den Schwanzstiel über. Die Löwenköpfe stellen Abbilder der mythischen Wächterlöwen des kaiserlichen China dar.

Foto: A.T. Chang. Lizenz CCBY-SA3.0

Wächterlöwen in der Verbotenen Stadt Bejing.

Foto: H.Hristov

Schwanzstiel und Haltung der Caudale weisen auf einen Ranchu hin.

Foto: H.Hristov

Japanischer Büffelkopf (Ranchu)

Die Körperform ist rund. Im Vergleich zu Lionheads ist der Rücken stärker gebogen mit um 90 Grad geneigtem Schwanzstiel; die tief getragene geteilte Caudale ist kurz und stark gespreizt. Die Kopfhaube des Ranchu ist meist weniger stark ausgeprägt als beim Lionhead, aber an den Seiten des Kopfes weit herunterreichend.

Ranchus sind für viele Japaner die Krönung der Zucht; Spitzenexemplare werden zu enorm hohen Preisen gehandelt. Die Zucht ist schwierig, auch Spezialisten erzielen maximal nur 40 Prozent gewünschte Tiere. Aufgrund ihres behäbigen und knuddeligen Erscheinungsbildes sind sie hierzulande auch bei Goldfisch-Neulingen beliebt, die mit den hier erhältlichen, oft erkrankenden Fischen dann meist überfordert sind.

Himmelsgucker
(engl. Celestial Eye/Celestial, franz. Uranoscope)

Diese Züchtung hat nach oben gedrehte, leicht verdickte Augen und ist relativ schlank.

Es ist eine für die Aufsicht gezüchtete Form, die im Aquarium bei seitlicher Betrachtung arg seltsam aussieht. Amerikanische Halter stufen diese Varietät als robust ein und halten sie im Teich.

Himmelsgucker sind sind eine in Deutschland seltene und umstrittene Zuchtform.

Die kleinen Blasen der hier abgebildeten Tiere werden oft als Krötenaugen bezeichnet.

Fotos: H.Hristov

Blasenaugen (engl. Bubble Eyes)

Die relativ schlanken Fische haben meist lange Flossen mit geteilter Caudale. Namensgebend sind auffallende, oft sehr große häutige Blasen unter den Augen, die mit Lymphe gefüllt sind. Teilweise gibt es in Asien auch doppelte Blasen. Varietäten mit sehr kleinen Blasen werden auch Krötenkopf (Toadhead, Froghead) genannt.

Aufgrund des hohen Regenerationsvermögens der Blasen interessieren sich neuerdings Biochemiker und Mediziner für die Flüssigkeit. Ich selbst sehe bei diesen Tieren die Kriterien für Tierquälerei erfüllt und rate von ihnen ab.

Doppelt so große Blasen sind keine Seltenheit.

Foto: H. Hristov

Goldfisch mit Perlschuppen.

Umstrittene Zuchtformen

Die einen sind fasziniert von ihnen, anderen gefallen sie gar nicht und wieder andere fordern sogar Verbote. Diese Fibel soll informieren, will aber auch die Kritik nicht verschweigen. Sie basiert meist auf dem Tierschutzgedanken, hat aber oft noch einen anderen Hintergrund: Das Ziel vieler fortgeschrittener Aquarianer, ein häusliches Abbild der Natur zu schaffen, steht im Widerspruch zum Ursprung der Goldfische, die eben wegen ihrer Abweichung von natürlichen Eigenschaften seit über tausend Jahren verehrt werden. Beide Einstellungen sind Ausdruck der jeweiligen Kultur. Auch die heutige vor allem in Deutschland, Österreich, der Schweiz und den skandinavischen Ländern übliche Bevorzugung möglichst natürlicher Eigenschaften ist ein kulturelles Phänomen, bei dem oftmals auch mangelndes Wissen über „echte" natürliche Vorgänge zu finden ist.

Was man auch bevorzugt: Das Wohlergehen der Tiere sollte beachtet werden; und dafür sollten in beiden Fällen Fachwissen und naturwissenschaftliche Grundkenntnisse vorhanden sein.

Oft diskutiert: Qualzuchten?

In der Literatur aus dem frühen 18. Jahrhundert wird die chinesische Zuchtform „Schläfer" beschrieben. Sie lagen entweder immer schlafend auf dem Boden oder trieben auf dem Rücken im Wasser. Es muss sich um einen Stamm mit schwerem Schwimmblasendefekt gehandelt haben. Dieses Beispiel verdeutlicht, dass es kritikwürdige Auswüchse gibt.

§ 11b des deutschen Tierschutzgesetzes verbietet die Zucht von Wirbeltieren, die aufgrund ihrer Merkmale leiden oder arteigenes Verhalten nicht schmerzfrei ausleben können. Im „Gutachten zur Auslegung von § 11b" des Bundesministeriums für Verbraucherschutz, Ernährung und Landwirtschaft werden viele Fälle bei Säugetieren und Vögeln aufgeführt, aber kein einziger Fisch erwähnt. Also alles gut?

In Schweden sind Orandas mit einem Verkaufsverbot belegt. In Deutschland, Österreich und der Schweiz werden Verbote teils vehement gefordert. Ich selbst stellte schon fest, dass ein Landesministerium so tat, als gäbe es Verbote. Studiert man Publikationen zum Thema, kann man sich nur wundern: Fast alles, was einige Kritiker gegen Goldfischzuchtformen vorbringen, ist entweder kein pauschales Problem bestimmter Varietäten oder gar völliger Unsinn. Dass Perlschuppen als „angeborene Schuppensträube" bezeichnet werden, ist nur ein Beispiel von vielen.

Die Diskussion ist leider inhaltlich oft von Unkenntnis und seitens der Kritiker von Bevormundung geprägt. Die Frage, ob es tatsächlich aufgrund von Zuchtmerkmalen leidende Goldfische gibt, bleibt bisher unbeantwortet. Statt dies fundiert zu klären, diskriminiert man harmlose Erscheinungen und übersieht echte Probleme.

Gesunde Tiere der Zuchtformen sind nicht zwangsläufig lebensuntüchtige Krüppel. Hier ein männlicher Oranda, der nicht den Eindruck macht, als ob er leide.

Nicht alle Probleme beruhen auf Zuchtmerkmalen

Berechtigt kritisierte Erscheinungen sind meist nicht das Problem der Zuchtformen, sondern beruhen auf Zuchtwahl und der Auswahl der in den Handel kommenden Fische. Bei vielen Haltern kommen dann mangelhafte Haltungsbedingungen hinzu.

In Deutschland erhältliche Goldfisch-Zuchtformen werden oft im niedrigen zweistelligen Bereich angeboten. Zu solchen Preisen ist keine sorgfältige Zucht gesunder Tiere möglich. Das betrifft nicht nur Goldfische; aber bei anderen Rassetieren werden durchaus vierstellige Preise an die Züchter gezahlt. Bei Koi sind dreistellige Beträge für gute Tiere üblich, vierstellige gehören zum Image. Wer bei Goldfisch-Hochzuchten nicht zu angemessenen Preisen bereit ist, darf sich über Problemfische nicht wundern, und Kritiker sollten solche Zustände nicht als Problem der Zuchtformen missverstehen.

Es sind meist Ausprägungen, die Leid verursachen, nicht zwingend das Zuchtmerkmal selbst. Aufgrund billiger Zuchten bzw. importierter Tiere ist die Lage unklar. Es muss sorgfältig gezüchtet werden, um problematische Fälle selektiv auszuschließen. Dies ist z. B. bei Hunderassen (Hüftgelenksdysplasie u. a.) seit Jahrzehnten üblich und innerhalb der Zuchtverbände streng geregelt.

Kritikwürdige Merkmale und Erscheinungen

Gestauchte Fische leiden oft an Verdauungsstörungen (Verstopfung, Aufgasen). Ursache ist der eingeengte lange Darm, zudem oft mit falscher Fütterung überfordert. Aufquellendes Futter, Gasbildung sowie Luftschlucken beim Fressen an der Oberfläche treibenden Flockenfutters führen zum hilflosen Auftreiben der Fische, verharmlosend „korken" genannt.

Dieses Auftriebssyndrom hat eine weitere Ursache: Die hintere Schwimmblasenkammer kann verkümmert sein oder fehlen, beide Kammern können falsch positioniert sein.

Umgewendete Kiemendeckel schließen nicht dicht, was die aktive Atmung beeinträchtigt.

Beim „Mauskopf" einiger Ryukins stoßen die Kiemendeckel am verdickten Rumpf an und können nicht schließen. Die passive Atmung (Wasser durchströmt beim Schwimmen die Kiemen) ist in beiden Fällen nicht betroffen; aber Ruhephasen können zu O_2-Mangel führen. Sauerstoffreiches und sich bewegendes Wasser ist bei solchen Tieren wichtig. Trotzdem leiden viele dieser Fische.

Nicht nur ein zu grobes Bodenmaterial erschwert hier das Gründeln.

Bei Nasenpompons gibt es Ausprägungen, die vor dem Maul den Einstrom des Atemwassers stören; auch hier kann es zu Atemnot kommen. Außerdem besteht Verletzungsgefahr; hier muss geklärt werden, ob arteigenes Verhalten (Stöbern zwischen Wasserpflanzen usw.) möglich ist.

Kritisch sehe ich dies bei Blasenaugen: Trotz Domestikation ist Gründeln weiterhin Teil des arteigenen Verhaltens, was durch die Blasen unmöglich gemacht wird. Weiterer Aspekt: Die Menge an Lymphe, mit der die Blasen gefüllt sind, kann der Menge im ganzen übrigen Körper entsprechen. Das ist physiologisch eine Herausforderung. Berichte von Besitzern dieser Tiere deuten darauf hin, dass damit die Organe des Fisches überfordert sein könnten; Tiere mit großen Blasen sollen häufiger erkranken als Krötenaugen. Andererseits weisen Studien auf ein enormes Regenerationsvermögen der Blasenaugen mit Hoffnung auf medizinische Nutzung hin. Hier besteht Untersuchungsbedarf, um klare Aussagen treffen zu können.

Der Kopfaufwuchs einiger Tiere (es scheint ein individuelles Problem zu sein) kann massiv wuchern, die Augen überdecken und die Tiere behindern. Die betroffenen Fische leiden, liegen auf dem Boden und bekommen daher Wundstellen. In Amerika wird ein chirurgisches "wen trimming" praktiziert, was ich kritisch sehe.

Foto: © mcvsn – stock.adobe.com

Das engl. Wort 'wen' (Grützbeutel, Zyste, Geschwür) ist die Bezeichnung für das vergrößerte Fettgewebe am Kopf einiger Goldfischformen.

Foto: LAWRENCEKHOO, Lizenz: CC BY-SA 4.0

Ein Blasenauge in Aufsicht. Gründeln ist ausgeschlossen. Bedenken sollte man, dass das Tier trotzdem einen gesunden Eindruck macht.

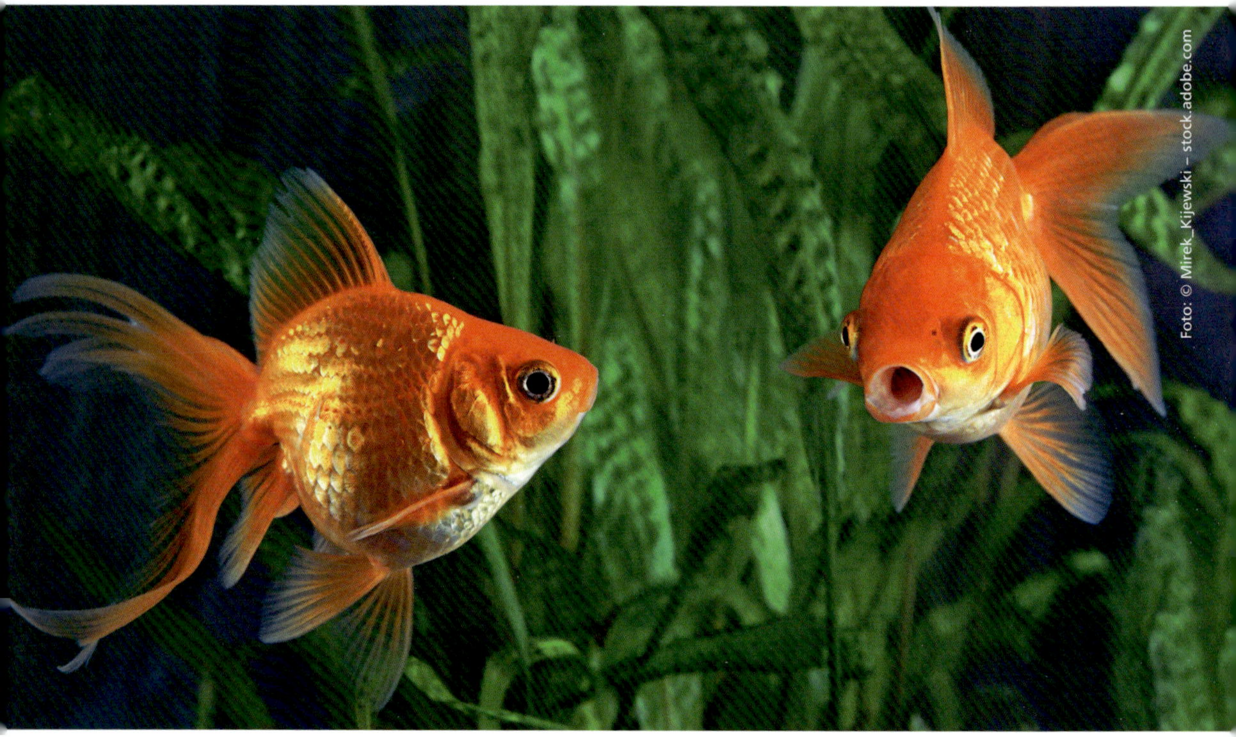

Foto: © Mirek_Kijewski – stock.adobe.com

Rahmen: © mytree – stock.adobe.com

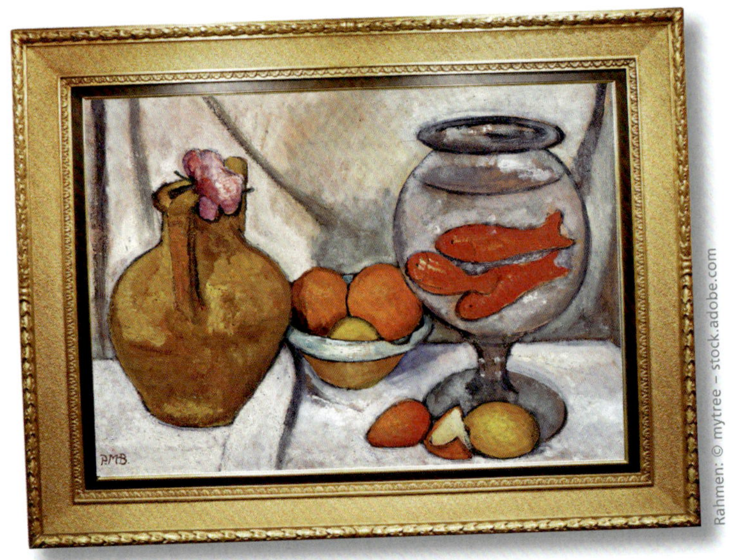

Anfang des 20. Jahrhunderts malte Paula Modersohn-Becker dieses Stillleben mit Goldfischglas.

Von der Heydt-Museum, Wuppertal

Das Aquarium

Kugelgläser sind von Form und Größe her absolut ungeeignet, um Fischen eine dauerhafte Unterbringung zuzumuten, sie sind Tierquälerei! Also, vergessen wir die Kugeln und wenden uns einer ernsthaften Haltung zu.

Meist werden die üblichen silikonverklebten Glasbecken verwendet, die in vielen verschiedenen Größen erhältlich sind. Da große Becken über 500 Liter oft erst bei Bestellung gefertigt werden, sind auch Sondermaße keine besonders aufwendige oder unverhältnismäßig teure Anschaffung. Schwieriger wird es, bei Sondermaßen passende Abdeckungen zu finden, da diese von der Industrie nur in Standardgrößen produziert werden.

Das Gewicht großer Becken stellt im gefüllten Zustand eine enorme Beanspruchung des Fußbodens dar. Klären Sie die Aufstellung von Aquarien mit mehr als 300 Litern (brutto) auf einer Holzbalkendecke und von Aquarien mit mehr als 500 Litern auf einer Betondecke unbedingt mit einem Statiker ab! Das Aquarium sollte an einer tragenden Wand stehen, nicht frei im Zimmer.

Quadratische Becken, dreieckige Delta-Aquarien, Sechs- oder Achteck-Becken sind zwar schön anzusehen und passen gut in Zimmerecken, haben aber aus Sicht der Goldfische einen Nachteil, die kürzere Schwimmstrecke. Die Besatzdichte-Tabelle (S. 58) gilt für die rechteckigen Standardgrößen.

Foto: H. Hristov

Die Beckengröße

Ich muss mit einer Legende aufräumen: Fische passen sich in ihrer Größe nicht an das Aquarium an. Die Gründe für (Nicht-)Wachstum sind vielfältig, meist liegt es an der Fütterung und Wasserqualität, aber niemals an der Beckengröße.

Goldfischspezialisten rechnen oft pauschal in Litern pro Fisch, dabei bewegen sich die Angaben in einem Rahmen von 50 bis 100 Litern pro Goldfisch. Das halte ich für eine brauchbare Größenordnung. Zieht man Jungfische auf oder pflegt Fische unterschiedlicher Körpergröße, stellt nebenstehende Tabelle eine gute Handhabe für Goldfische dar. Das „Gutachten über die Mindestanforderungen an die Haltung von Zierfischen" gibt für Goldfische 100-cm-Becken als Mindestgröße an.

Fischlänge	Wassermenge pro cm Fischlänge
bis 3 cm	1 Liter
3 bis 5 cm	1,5 Liter
6 bis 9 cm	2 Liter
10 bis 12 cm	3 Liter
13 bis 20 cm	4 Liter
über 20 cm	5 Liter

Ein 100-cm-Becken (100 x 40 x 50 cm³ = 200-l-Aquarium) ist tatsächlich eine sinnvolle Größe für drei bis fünf etwa zwölf Zentimeter lange Goldfische. Bei größeren oder mehr Fischen sollte man entsprechend größer planen. Auch im Aquarium können Goldfische unter Umständen 30 Zentimeter lang werden. Eine Haltung in kleineren Becken und mit höherer Besatzdichte kann funktionieren, ist aber aufgrund der Einengung natürlicher Verhaltensweisen nicht artgerecht. Typisches arteigenes Verhalten entwickelt sich bei *Carassius auratus* in größeren Aquarien besser als in kleinen Behältnissen. Weiterhin ergibt sich durch die sparsame Besatzdichte eine gewisse Toleranz, was die Stabilität der Wasserverhältnisse in Urlaubszeiten oder bei Ausfall der Technik betrifft. Viele störende Eigenarten der Goldfische (Gründeln, Pflanzenfraß, Laichtreiben) werden durch große Becken kompensiert. Auch optisch wirkt ein sparsam besetztes großes Aquarium besser als ein vollgestopftes kleines.

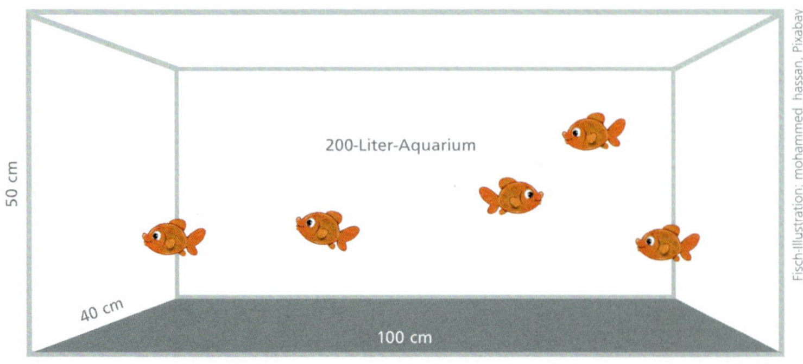

Fisch-Illustration: mohammed_hassan, Pixabay

Foto: © studiophotopro – stock.adobe.com

London-Shubunkin über Sandboden.

Der Boden

Die wilden Vorfahren der Goldfische leben in langsam fließenden bis stehenden Gewässern über sandigem oder schlammigem Grund. Karauschen gründeln viel: Sie nehmen Bodenmaterial in den Mund, kauen es nach Fressbarem durch und spucken es wieder aus. Deshalb wird für Goldfische oft mittlerer bis grober Kies empfohlen, mit dem wir aber angeborenes Verhalten erschweren. Mir wurde von Goldfischen berichtet, denen beim Gründeln im Kies Steinchen im Maul steckenblieben. Sie mussten, stressig und riskant, mit einer Pinzette entfernt werden. Deshalb rate ich von Korngrößen oberhalb von zwei Millimetern ab. Noch besser ist es, reinen Quarzsand mit einer einheitlichen Korngröße von 0,3 bis 0,8 Millimetern zu wählen. Solchen Sand bekommen Sie eher selten im Zoohandel. Sie erhalten ihn manchmal als Fugensand im Baumarkt, dann oft mit 0,1 bis 0,5 Millimeter Korngröße, der nach vorherigem Waschen gut verwendbar ist. Ansonsten suchen Sie einen Baustofffachhandel auf. Bei reinem Quarzsand ohne Beimischungen können Sie aufgedruckte Warnungen, dass er nicht im Aquarium verwendet werden solle, getrost ignorieren. Vogelsand und Spielsand für Sandkästen sind dagegen nicht geeignet!

Im Interesse der Pflanzen sollte der Boden mindestens sechs Zentimeter hoch sein. Da im Sand kaum Wasserdurchströmung und Sauer-

Foto: © Coprid – stock.adobe.com

Grober Kies ist für die gründelnden Goldfische weniger geeignet.

Foto: © dionoanomalia – stock.adobe.com

stoffdiffusion stattfinden, laufen im Boden anaerobe Stoffwechselprozesse dort lebender Bakterien ab. Dadurch färben sich die unteren Schichten schwarz. Sie sollten dies akzeptieren. Aufgrund der extrem langsamen Diffusion schaden diese Stoffe nicht, stattdessen sind sie vorteilhaft für die Pflanzen. Wälzt man den Sand jedoch bei Reinigungsversuchen um, setzt man unangenehme Gerüche frei. Falls die Verfärbung ästhetisch stört, können Sie den Bodenbereich des Beckens verblenden. Bodenfilter und Bodenheizungen vertragen sich nicht mit Sandboden.

Pflanzen und Dekoration

Verzichten Sie keinesfalls auf echte Pflanzen. Auch künstliche Pflanzen sehen hübsch aus und bieten Verstecke, können aber das Wasser nicht mit Sauerstoff anreichern oder Stoffwechselprodukte verwerten. Sie sind keine Konkurrenz zu Algen und können den Fischen nicht als Zusatznahrung dienen. Gelegentlich wird erzählt, dass Goldfische die komplette Vegetation zerstören, das kann ich nicht bestätigen.

Carassius auratus frisst zwar gerne Pflanzen, sie sind ein wichtiger Bestandteil der natürlichen Ernährung vor allem älterer Tiere. Das ist jedoch mit der richtigen Planzenauswahl gut kontrollierbar. Häufig betroffen sind klein- und weichblättrige Pflanzen, von denen viele bei guter Beleuchtung ohnehin wuchern. Daher sollten sich zweierlei Gruppen von Pflanzen im Aquarium befinden: solche, die Goldfische meiden und andere, die gerne gefressen werden und auch finanziell unproblematisch sind. **Sumpfschrauben** sind beispielsweise robuste und starkwüchsige Pflanzen, die kaum ge-

Gewöhnliche Sumpfschraube (*Vallisneria spiralis*).

Foto: B. Wallach

Hornkraut (*Ceratophyllum demersum*).

Foto: B. Wallach

fressen werden, während die bei Goldfischen beliebte Wasserpest in einem anderen Becken leicht vermehrt werden kann und auch im Goldfischaquarium ausreichend nachwächst.

Von beiden Gruppen sollten genug Exemplare vorhanden sein, damit Fraßschäden nicht ins Gewicht fallen. Empfindliche oder wertvolle Pflanzen kann man mit Steinen vor dem Ausgraben schützen. Ich konnte das Ausgraben allerdings nur sehr selten beobachten, meist werden Pflanzen beim Herumzupfen an nicht ausreichend verwurzelten Stängeln wieder ausgerissen. Damit Pflanzen gut anwurzeln, sollten sie mehrere Wochen vor dem Fischbesatz eingebracht werden und bis sie angewachsen sind im Boden verankert werden. Man kann sie mit Steinen umschichten, mit Gummiband am Stein befestigen usw. Bleistreifen sollten vor dem Einpflanzen entfernt werden.

Hungrige Goldfische in zu kleinen Becken werden von Pflanzen wenig übrig lassen. Zusatzfutter in Form von Wasserlinsen und Teichlebermoos, Salat u. ä. mindert Schäden deutlich.

Pflanzenempfehlungen

Sumpfschrauben (*Vallisneria* sp.) und **Wasserpest** (*Egeria densa* oder *Elodea canadensis* – je nach Temperatur, Letztgenannte mag es kühler) sind bewährte Standardpflanzen. Probleme mit Wasserpest sind auf falsche Temperatur und mangelhafte Beleuchtung zurückzuführen. Gut geeignet ist auch **Hornkraut** (*Ceratophyllum demersum*). Es ist eine im Aquarium meist wurzellos bleibende, auftreibende Pflanze. **Pfennigkraut** (*Lysimachia nummularia*) ist eine klassische Pflanze für Goldfischbecken. Eigentlich ein Bodendecker aus dem Garten, wächst sie aber auch lange unter Wasser mit aufrechten Stängeln.

Gelbe Teichrose (*Nuphar lutea*).

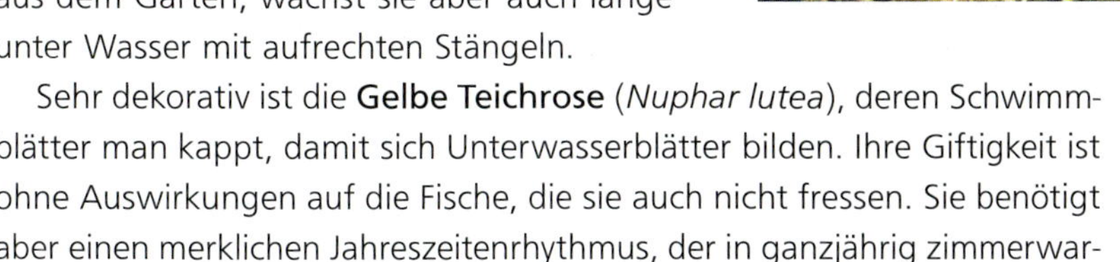

Sehr dekorativ ist die **Gelbe Teichrose** (*Nuphar lutea*), deren Schwimmblätter man kappt, damit sich Unterwasserblätter bilden. Ihre Giftigkeit ist ohne Auswirkungen auf die Fische, die sie auch nicht fressen. Sie benötigt aber einen merklichen Jahreszeitenrhythmus, der in ganzjährig zimmerwar-

Fettblatt (*Bacopa carolina*).

Fotos: B. Wallach

Teichlebermoos (*Riccia fluitans*).

men Aquarien fehlt. Da ist eher die **Japanische Teichrose** (*Nuphar japonica*) geeignet.

Fettblatt (*Bacopa* sp.) wird von mittelgroßen Goldfischen nicht angerührt. **Teichlebermoos** (*Riccia fluitans*) kann manchmal wuchern, manchmal wird es restlos gefressen. **Javamoos** (*Vesicularia dubyana*) ist ein nützliches Unterwassermoos: Es bietet vielen kleinen wirbellosen Tieren und Mikroorganismen Lebensraum, weshalb die Fische es regelmäßig nach Nahrung durchsuchen, ohne das Moos selbst zu fressen. Auch empfehlenswert sind **Tausendblatt** (*Myriophyllum aquaticum* und *M. spicatum*), **Kriechende Ludwigie** (*Ludwigia repens*) und **Karolina-Haarnixe** (*Cabomba caroliniana*).

Einige Goldfischfreunde pflegen erfolgreich **Javafarn** (*Microsorum pteropus*), der auf Wurzeln o. Ä. festgebunden wird, **Indischen Wasserstern** (*Hygrophila polysperma*), **die Krause Wasserähre** (*Aponogeton crispus*) und die **Speerblatt-Arten** (*Anubias* sp.).

Fotos: B. Wallach

Krause Wasserähre (*Aponogeton crispus*).

Javafarn (*Microsorum pteropus*).

Ein aus Asien stammender Einrichtungstrend kombiniert im Sinne des Yin und Yang: ‚weiche' Goldfische mit ihren fließenden Formen und harte Kieselsteine. Bei solch abgerundeten Flusskieseln ist das auch bei vergrößerten Augen kein Problem.

Foto: H. Hristov

Geeignete Dekoration

Zur Dekoration eignen sich Steine, Hölzer, Laub usw. Hier spielt persönlicher Geschmack eine große Rolle. Mein Rat: Übertreiben Sie es nicht, setzen Sie ein bis zwei Akzente.

Geeignete Steine sind Kiesel, Basalt, Granit und Sandsteine ohne metallische Einschlüsse. Auch Schiefer hat sich bewährt, ist aber oft scharfkantig. Besonders für Formen mit vergrößerten Augen sollten Steine glatt ohne scharfe Kanten sein. Kalkhaltige Sedimentgesteine lösen sich bei CO_2-Düngung auf.

Außer dem im Aquarienhandel angebotenen Holz kann man auch selbst gesuchtes Holz verwenden. Frisches Holz ist ungeeignet, es schwimmt auf, gibt Nährstoffe ins Wasser ab und kann faulen. Abgelagertes trockenes Holz aus dem Wald ist besser geeignet, muss aber noch gewässert werden; bereits gewässertes Holz aus Bächen ist gut verwendbar. Moorkienholz aus Torfstichen und einige tropische Hölzer aus dem Handel geben Huminsäuren und Gerbstoffe ins Wasser ab. Wässern Sie daher das Holz mehrere Wochen in einem separaten Gefäß. Die dann später noch abgegebenen Stoffe sind mengenmäßig unschädlich und werden durch regelmäßigen Wasserwechsel verdünnt.

Laub ist ein effektvolles Dekorationsmittel, an dem sich gerne kleine Wirbellose aufhalten. Garnelen und Krebse fressen auch davon, die Goldfische suchen gerne zwischen den Blättern nach Nahrung. In Herbst und Winter eingesammeltes trockenes Falllaub von Eichen oder Rotbuchen enthält kaum noch Nährstoffe. Es besteht überwiegend aus Cellulose und Lignin und wird im Aquarium nur langsam abgebaut, ohne das Wasser zu

Ein Schieferbrocken als einfache, aber effektvolle Dekoration. Er wird von Algen bewachsen, und die Fische laden regelmäßig Sand auf ihm ab.

belasten. Bevor die Blätter ins Aquarium gegeben werden, wässert man sie zwei bis sechs Tage, bis sie sich vollgesogen haben und absinken. Laub empfiehlt sich eher für Aquarien mit Kiesboden, bei Sandboden geraten die Blätter durch die Gründeltätigkeit der Goldfische oft unter den Sand.

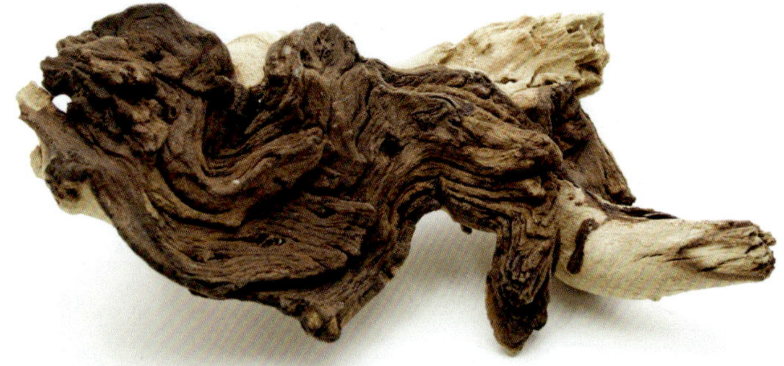

Foto: © UMA – stock.adobe.com

Foto: PPublicDomainPictures, Pixabay

Die Mitbewohner

Andere Goldfische

Goldfische untereinander sind gut verträglich, sie sollten aber mindestens zwei Artgenossen zur Gesellschaft haben. ‚Einzelhaft' ist nicht artgerecht. In ihrer Beweglichkeit allzu unterschiedliche Formen sollte man nicht gemeinsam halten, da die behäbigeren den schnellen und wendigen Varietäten in der Futterkonkurrenz unterlegen sein können. Normale Goldfische in Kombination mit handelsüblichen Schleierschwanz-Formen sind kein Problem.

Andere Fische

Ein reines Goldfischbecken ohne andere Fische (ein sogenanntes Artbecken) ist die beste Lösung. Der subtropische Temperaturanspruch der Goldfische verträgt sich nicht gut mit dem der meisten tropischen Zierfische und heimische Kaltwasserfische sind nicht mit den wärmebedürftigeren Hochzuchten zu vergesellschaften. Ein ‚echtes' Kaltwasserbecken ist zwar für gestreckte Goldfische machbar, aber hoher technischer Aufwand.

Es können verschiedene subtropische ostasiatische Barbenarten mit Goldfischen vergesellschaftet werden: Prachtbarben (*Puntius conchonius*), Messingbarben (*Puntius semifasciolatus*), Odessabarben (eine Zuchtform unsicherer Herkunft) oder Zebrabärblinge (*Danio rerio*) sind geeignet.

Heimische Schlammpeitzger (*Misgurnus fossilis*) oder ihre asiatischen Pendants (*Misgurnus anguillicaudatus*) sind bei entsprechend großen Becken mit Sandboden interessante Mitbewohner. Auch Moderlieschen (*Leucaspius delineatus*) empfehlen sich.

Foto: F. Schäfer

Kopfstudie eines Schlammpeitzgers.

Schlammpeitzger lassen sich gut mit Goldfischen vergesellschaften.

Foto: F. Schäfer

Zebrabärblinge sind wie Goldfische häufige Labortiere und bedürfen ähnlicher Bedingungen.

Gefährlich können Katzenwelse (*Ameiurus nebulosus*) sein: Ich pflegte mehrere Jahre einen, der friedlich mit den Goldfischen herumschwamm; aber ich habe auch schon ein Tier erlebt, das bereits in der ersten Nacht einen Goldfisch fraß.

Die Schwarmfische unter den erwähnten Arten sollten eine ausreichende Anzahl an Artgenossen haben, was ein noch größeres Aquarium bedingt.

Foto: A. Canovas

Kleine Posthornschnecke (*Planorbella duryi*).

Fotos: A. Behrendt

Wirbellose Tiere

Die meisten Schnecken lassen sich gut mit Goldfischen halten, eine Massenvermehrung wird meist durch die Goldfische verhindert. Vor allem Posthornschnecken sind robust und dekorativ, ebenso wie die Sumpfschnecken der Gattung *Viviparus*.

Garnelen könnten als Futter im Darm der Goldfische enden; hier muss man vorsichtig sein und über viele Wochen ausprobieren, ob es funktioniert. Krebse, sofern pflanzenverträglich, lassen sich gut mit Normalen Goldfischen zusammen halten, mit Kometenschweifen nur in einem ausreichend großen Aquarium. Bei gestauchten, langflossigen Zuchtformen rate ich von Krebsen ab.

Donau-Flussdeckelschnecke (*Viviparus acerosus acerosus*).

Was ist an Technik notwendig?

Abdeckung und Beleuchtung

Die Beleuchtung bringt nicht nur die Farben der Fische besser zur Geltung, sondern ist auch lebensnotwendig für Pflanzen. Viele vergebliche Versuche, in einem Goldfischbecken Pflanzen zu halten, scheitern nicht an den pflanzenfressenden Goldfischen, sondern an mangelndem Licht.

Da Goldfische gerne mal springen, sollten zumindest Aquarien mit gestreckten Goldfischen unbedingt abgedeckt sein. Offene Becken mit Hängeleuchten kommen höchstens für behäbige ‚Dicke' in Betracht.

Filter

Oftmals liest man, dass aufgrund der starken Kotproduktion der Goldfische besonders leistungsfähige Filter nötig seien. Allerdings kotet *Carassius auratus* im Verhältnis zu seiner Größe nicht mehr als andere Fische auch. Es liegt oft eher am Missverhältnis zwischen der Beckengröße und der darin untergebrachten Menge Goldfisch.

Der Zweck eines Filters ist weniger die mechanische Klärung von Trüb- und Schwebstoffen, sondern der Umbau der Stoffwechselprodukte. Der Filter bietet Einzellern und insbesondere Bakterien Siedlungsfläche. Es handelt sich um dieselben Mikroorganismen, die auch in freier Natur die Selbstreinigung eines Gewässers durchführen und die man sich in

Abbildung: eheim

Schnitt durch einen effektiven Außenfilter.

Kläranlagen zunutze macht, um Abwasser zu klären. Ein guter Filter erhöht die Kapazität des Gesamtsystems und ist sehr zu empfehlen, erst recht für kleine Anfängerbecken.

Für Goldfische kann ich zwei Filtertypen empfehlen, die üblichen Außenfilter (Topffilter) und den ‚Hamburger Mattenfilter', der ein Selbstbauprojekt aus einer quer im Aquarium angebrachten durchströmten Filtermatte ist. Er hat eine sehr gute biologische Wirkung und bietet Goldfischen etwas zu stöbern und zu zupfen. Er verbraucht aber Platz, bedeutet also weniger Fische pro Beckengröße. Andere Innenfilter sind meist nicht für große Becken ausgelegt.

Erfahrungsgemäß ist ein qualitativ guter Außenfilter, der das Wasser des Beckens ein- bis zweimal pro Stunde umwälzen kann, völlig ausreichend.

Foto: H. Hieronimus

Der Hamburger Mattenfilter verbindet Belüftung und Filterung.

Funktionsprinzip eines Hamburger Mattenfilters. Schaumstoffmatte im Becken mit dahinterliegender Kreiselpumpe oder auch Lufttheber.

Kohlendioxiddüngung

Eine CO_2-Anlage dient primär den Pflanzen. Sekundär kann dies aber für das gesamte Aquarium nützlich sein: Pflanzen wachsen und konkurrieren besser mit Algen, die biogene Entkalkung des Wassers wird vermieden, und es ergibt sich insgesamt eine Verbesserung der Systems Aquarium. Je härter

Blaualgen und der braune Calciumcarbonatausfall wurden durch eine CO_2-Anlage beseitigt.

das Wasser, desto eher lohnt sie sich. Für goldfischgerechte Beckengrößen sind einfache, mit Hefegärung arbeitende Selbstbauanlagen zu klein dimensioniert. Eine Anlage mit Druckgasflaschen ist zudem besser regelbar.

Selten benötigt

Für empfindliche Hochzuchtformen ist möglicherweise eine Heizung (hier ein Stabheizer) erforderlich.

Fotos: H. Hieronimus

Durchlüfterpumpen: *Carassius* ist nicht besonders sauerstoffbedürftig. Die Sprudelei ist für Goldfische genauso antiquiert wie Goldfischgläser und wird auch nur durch ähnlich ungeeignete Unterbringung oder Überbesatz erforderlich. Eine Ausnahme sind heiße Sommernächte. Warmes Wasser kann weniger Sauerstoff aufnehmen, im Dunkeln verbrauchen ihn die Pflanzen, statt ihn zu produzieren. Nächtliche Belüftung könnte nützlich sein. Tagsüber sieht bei guter Fotosynthese der Pflanzen die Sache wieder anders aus. Durchlüftung treibt CO_2 aus, und falls die Pflanzen das Wasser mit Sauerstoff übersättigt haben (für die Fische ist das an solchen Tagen gut), wird er auch ausgetrieben. Weiterhin ist Durchlüftung bei medikamentöser Krankheitsbehandlung sinnvoll.

Oxidator: Die Sauerstoffanreicherung des Wassers auf chemischem Weg ist ebenso entbehrlich. Sollte dringender O_2-Bedarf bestehen, könnte ein Oxidator jedoch helfen, ohne dabei andere Gase auszutreiben. Seine Handhabung ist jedoch wesentlich aufwendiger und unfallträchtiger; es lohnt sich meines Erachtens nicht.

Heizung: In den meisten Fällen braucht man keine Heizung für die Haltung von Goldfischen. Sie kann jedoch bei wärmebedürftigen Hochzuchtformen in winterkalten Wohnungen erforderlich sein. Für gestreckte Formen ist winterliche Abkühlung sogar vorteilhaft. Einige Erkrankungen lassen sich mit erhöhter Temperatur wesentlich besser therapieren.

Foto: H. Hristov

Foto: H.Hristov

Die „gefräßigen" Goldfische betteln gerne. Lassen Sie sich dadurch nicht zu einer übermäßigen Fütterung verleiten.

Die Fütterung

Trockenfutter

Ideales Goldfischfutter besteht, bezogen auf die Trockenmasse, aus bis zu 40 Prozent Proteinen und mindestens 10 bis 20 Prozent Fetten. Nun sehen Sie sich die Nährstoffdeklaration des typischen Goldfischfutters an: zu geringer Protein- und vor allem Fettanteil und viel zu hoher (nie deklarierter) Kohlenhydratanteil. Lange Haltbarkeit und Sorge um die Wasserqualität scheinen eine größere Rolle als der Nährwert zu spielen. Auch wenn sich

Wenn es Dosenfutter sein soll, sind interessanterweise Sterlet-Sticks für Goldfische besser geeignet als manches Goldfischfutter.

die Zusammensetzung in den letzten Jahren verbessert hat, ist das Angebot immer noch unbefriedigend.

Hervorragend für Goldfische geeignet ist Futter für die professionelle Teichwirtschaft (Karpfen und Forellen). Leider ist es kaum möglich, kleine Mengen dieses nur kurze Zeit haltbaren Futters zu beziehen. Eine für den Hobbybereich erhältliche Goldfischfuttersorte mit guten Nährstoffverhältnissen ist leider wieder vom Markt verschwunden; derzeit ist mir nur eine zu angemessenen Preisen bekannt. Eine günstige Alternative sind Stör- und Sterletfutter, deren Zusammensetzung den Goldfischbedürfnissen näher kommt. Sinnvollerweise sinken sie auch im Wasser ab.

Kaufen Sie im Zoohandel nur versiegelte und lichtdicht verpackte Ware und nur kleine Mengen, damit angebrochenes Futter nicht alt wird. Preisgünstige Großpackungen lohnen nicht, Überalterung, Wärme, Licht und Luft schaden Fischfutter immens. Ranziges Fett ist ungesund für Fische, deshalb bewahren Sie Fischfutter vor und nach dem Anbruch im Kühlschrank auf. Bei hochwertigem protein- und fettreichen ‚Profi-Futter' ist dies unbedingte Pflicht. Länger als sechs Monate sollte es aber auch dort nicht gelagert werden. Tiefgefrorenes Futter kann man ein Jahr aufbewahren.

Gute Qualität vorausgesetzt, kann man gestreckte Goldfische nur mit Trockenfutter ernähren. Qualität ist wichtiger als Abwechslung; abwechslungsreiche Kost ist immer dann zwingend, wenn einzelne Futtersorten nicht alle Bedürfnisse abdecken.

Lebend- und Frostfutter

Es gibt nichts Besseres als gut genährte Futtertiere. Die Nährstoffe passen; man vermeidet Mangelernährung oder Verfettung. Vitamine sowie Fette und Öle sind nicht überlagert, die Exoskelette von Krebsen und Insektenlarven liefern Calcium und Ballaststoffe. Der Darminhalt der Fischnährtiere bietet gegebenenfalls pflanzliche Stoffe, auf jeden Fall wichtige Enzyme und Darmbakterien, die für Jungbrut von oft unterschätzter Bedeutung sind. Lebendfutter käme der Ernährung in freier Natur nahe und es ist spannender, wenn Fische sich die Nahrung fangen müssen.

Das Risiko, Parasiten einzuschleppen, soll nicht verschwiegen werden, ist aber geringer als oft befürchtet. Bei selbst gezüchtetem oder im Handel bezogenem Futter ist es unwahrscheinlich, Selbstfang sollte an fischlosen Gewässern erfolgen (fischereirechtliche Regelungen beachten). Der Anteil des Lebendfutters ist abhängig von der Qualität des Kunstfutters. Bei fett- und proteinarmen Produkten sollte er sinnvollerweise höher sein als bei hochwertigem Futter.

Frostfutter wird in kleinen Portionen in Blisterpackungen oder wie hier in Form von Tafeln angeboten. So kann man gut portionieren.

Foto: © stable101 – stock.adobe.com

Solch ein Satz an Futtersieben ist sehr nützlich. Ersatzweise ist zum Auftauen von Frostfutter ein Kunststoff-Teesieb geeignet.

Für alle Futtertiere gilt: Sie verlieren Nährwert, sobald sie hungern! Wertvoller Darminhalt geht verloren, Speicherfette werden abgebaut, teilweise sogar Muskelsubstanz. Händler werden mit Lebendfutter zu bestimmten Wochentagen beliefert; diese sollte man erfragen und zum Kauf nutzen. Selbst gefangenes Futter ist meist besser genährt.

Frostfutter ist eine sinnvolle Alternative und macht es inzwischen vielen Fischfreunden möglich, sich aus der Abhängigkeit von Trockenfutter zu befreien. Ich füttere meine Fische zu einem erheblichen Anteil damit. Die Wertigkeit des Frostfutters reicht nicht wirklich an Lebendfutter heran; es ist bei richtiger Handhabung aber viel wertvoller als gefriergetrocknete Futtertiere. Wichtig ist es, die Kühlkette nicht zu unterbrechen (Kühltasche und -akkus!), das Frostfutter unter fließendem kalten Wasser in einem feinen Sieb oder Netz aufzutauen und anschließend sofort zu verfüttern!

Geeignete Futtertiere

Wasserflöhe (Cladocera: *Daphnia* u. a.) sind hervorragendes Aufzucht- und Jungbrutfutter, aber bereits für mittelgroße Goldfische zu klein. Sie sind ballaststoffreich, ihr Nährwert hängt vom Darminhalt ab.

Mückenlarven: Schwarze Mückenlarven (Culicidae, Stechmücken), Weiße Mückenlarven (Chaoboridae, Büschelmücken) und Rote Mückenlarven (Chironomidae, Zuckmücken) sind allesamt goldfischgeeignet. Wenn auch etwas umstritten, halte ich Chironomidenlarven für die goldfischgeeignetsten Mückenlarven. Sie sind häufig natürliche Beute von Karauschen.

Der Aquaristikhandel führt in solche Tüten eingeschweißtes gefarmtes Lebendfutter. Es sollte bald verfüttert werden.

Bachflohkrebse (Gammaridae, *Gammarus pulex*) haben die passende Größe und sind bodenlebend, also sehr goldfischgerecht. Lebend gekaufte Tiere sind meist ziemlich ausgehungert. Ich halte sie daher mehrere Tage in kaltem Wasser mit stark veralgten Steinen und eingeweichtem Falllaub. Durch diese Futtergabe wird zumindest der Darm gefüllt, was den Nährwert deutlich erhöht.

Wasserasseln (Asellidae, *Asellus aquaticus*) sind nicht im Handel erhältlich und müssen selbst gefangen werden. Sie sind hinsichtlich ihres Nährwerts mit Flohkrebsen vergleichbar. Durch die Besiedlung stehender Gewässer sind sie in freier Natur häufiger eine natürliche Beute der Karauschen.

Links: Chironomidenlarven (Rote Mückenlarven) stellen in freier Natur einen großen Teil der natürlichen Nahrung von *Carassius*-Arten dar.

Rechts: Bachflohkrebse sind an strömendes Wasser angepasst und empfindlich gegen zu hohe Temperaturen. Ihre Eignung als Futter für Goldfische beeinträchtigt dies nicht.

Schlammröhrenwürmer (Oligochaeta, *Tubifex tubifex*) sind für unerfahrene Aquarianer problematisch, sie sterben und faulen schnell. Lebende Würmer, die sich im Boden vergraben, verfaulen dort selten und finden vor allem in Sandböden gute Lebensbedingungen. Goldfische finden die kleinen Würmer auch bald. Als Frostfutter rate ich von *Tubifex* ab.

Regenwürmer sind wegen nachgewiesener Fischgiftigkeit – zumindest einer häufigen Art – ungeeignet.

Pflanzliches Zusatzfutter

Um Fraßschäden an Wasserpflanzen zu verhindern und um die Bedürfnisse der Goldfische zu befriedigen, empfehle ich das Zufüttern von pflanzlicher Kost.

Stehen Algen oder die oben genannten Pflanzen nicht zur Verfügung, sind verschiedene grüne Blätter als Ersatz geeignet wie Blattsalat (insbesondere Feldsalat), Brokkoliblätter, Kohlrabiblätter, Löwenzahn und vieles mehr. Spinat ist aufgrund der enthaltenen Oxalsäure weniger empfehlenswert. Die Blätter sollten überbrüht oder gefrostet werden. Man kann sie mit einem Algenmagneten an der Scheibe befestigen. Wegen des Nitratgehalts ist es sinnvoll, biologisch angebaute Ware zu verfüttern.

Fütterungspraxis

Auch Jahrhunderte der Zucht haben das Verdauungssystem der Goldfische kaum verändert. Es ist der lange magenlose Darm der Karauschen geblieben, spezialisiert darauf, nach und nach Nahrung aufzunehmen: zwei Zuckmückenlarven hier, eine Wasserassel dort und aus dem Schlamm eine Leckerei aus vermodernden Pflanzen mit allerlei Würmchen drauf. Viele Aquarianer füttern so, als ob sie Raubfische hätten. Das ist bei Goldfischen verkehrt, sowohl was Quantität als auch Qualität betrifft.

Füttern Sie statt einmal täglich große Mengen besser zwei- bis dreimal täglich kleine Mengen, die innerhalb von drei Minuten weitgehend aufgefressen sein sollten. Hochkonzentriertes Profifutter sollte bereits innerhalb einer halben Minute gefressen sein, um Verfettung zu vermeiden. Insbesondere bei gestauchten Zuchtformen (Schleierschwänze, Orandas usw.) ist täglich mehrfach sparsames Füttern wichtig; sie haben für ihren Darm wenig Platz und bekommen bei falscher Fütterung Probleme. Gestreckte Formen kommen notfalls mit einmaliger Fütterung pro Tag zurecht. Bei gestauchten Züchtungen ist es zudem wichtig, dass Flockenfutter nicht an

Für Berufstätige ideal: Dieser Automat kann mehrmals täglich eine zuvor abgemessene Futtermenge abgeben.

der Oberfläche treibt: Es wird meist hastig eingeschlürft, wobei die Tiere viel Luft schlucken, die dann im Darm Probleme bereitet.

Testen Sie bei Granulat u. Ä., ob es durch Aufsaugen von Wasser nicht aufquillt; auch das bereitet oft Verdauungsstörungen, was sich durch kurzes Einweichen vor dem Verfüttern vermeiden lässt. Da so etwas oft typisch für auch anderweitig ungeeignetes Futter ist, sollte man eine Futterumstellung in Erwägung ziehen. Bedenken Sie bei der Futtermenge auch, dass Lebend- und Frostfutter einen sehr viel höheren Wasseranteil haben als Trockenfutter, das dadurch viel konzentrierter ist.

Fische sind wechselwarm (poikilotherm), ihre Körpertemperatur hängt von der Wassertemperatur ab, die auch die Stoffwechselaktivität beeinflusst. Je kälter es wird, umso träger werden sie und desto weniger fressen sie. Normalerweise stellen Goldfische im Winter zwischen 9 und 7 °C die Nahrungsaufnahme ein und nehmen sie oberhalb 10 °C wieder auf.

Pflegemaßnahmen

Wasserwechsel

Die Fische gewöhnen sich schnell an die Prozedur des Wasserwechsels und nehmen ihn gelassen hin. Solange sie noch eine Handbreit Wasser über sich haben, ist es kein Stress.

Der Wasserwechsel ist wichtig und notwendig, um sich anhäufende Stoffwechselprodukte abzuführen und verbrauchte Spurenelemente wieder zuzuführen. Bei der empfohlenen Besatzdichte ist ein mehr als 50-prozentiger Wasserwechsel alle zwei Wochen sinnvoll. Mehr schadet nicht, sondern ist vorteilhaft.

Für Goldfische ist (mit Ausnahme weniger extremer Weichwassergebiete) fast in ganz Deutschland Leitungswasser uneingeschränkt nutzbar. Wasseraufbereiter sind in der Regel überflüssig.

Das Wasser sollte vor Einströmen ins Becken die Gelegenheit haben, auszugasen. Lässt man es z. B. flach über die große Querstrebe laufen, können eventuelles Chlor und gelöste überschüssige Luft entweichen, Letzteres ist wichtig zur Vermeidung der Gasblasenkrankheit. Alternativ sprüht man es durch einen Brausekopf. Beide Methoden sorgen auch für leichte Temperaturanpassung. Mehrere Grad Unterschied schaden Goldfischen nicht, aber vermeiden Sie, vor allem bei Hochzuchtformen, zu krasse Unterschiede.

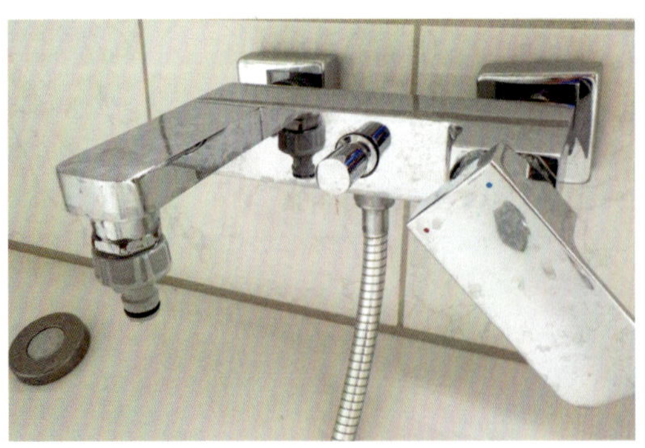

Der Perlator an der Badewanne lässt sich gegen einen speziellen Adapter tauschen, an den standardisierte Gartenschlauch-Stecksysteme aufgeschraubt werden können.

Sandboden mit Mulm. Er macht das Aquarium natürlicher, sowohl hinsichtlich der Optik (was nicht jedem gefällt) als auch der biologischen Funktionalität.

Algen und Mulm

Zwei Erscheinungen sorgen bei Aquarianern oft für Verdruss, verleiden die Freude am Hobby und füllen die Kassen der Zubehörindustrie: Algen und Mulm. Handel und Industrie vermitteln nur zu gerne das Gefühl, dass dagegen unbedingt etwas unternommen werden müsse. Ich rufe zunächst einmal zur Gelassenheit auf.

Algen an der (Front-)Scheibe stören die Sicht: Vor dem Wasserwechsel schabt man sie ab. Algenmagneten taugen dazu nicht: Sie ruckeln und sind schwer steuerbar, Kieselalgen und dazwischengeratene Sandkörnchen zerkratzen das Glas. Ich nehme ausgemusterte Plastikkarten (Scheckkarten, Kundenkarten).

Unverzichtbar ist der regelmäßige Wasserwechsel: Algenplagen beruhen in erster Linie auf entsprechendem Nährstoffangebot. Da wir die Fische nicht hungern lassen, sondern dem Aquarium ständig Nährstoffe zuführen, ist der einzig praktikable Weg die Entfernung der Nährstoffe sowie die Schaffung einer entsprechenden Pufferkapazität durch die Aquarienökologie. Beim Entfernen hilft der Filter nur bedingt. Gut wachsende Wasserpflanzen konkurrieren mit den Algen um die Nährstoffe, benötigen aber Nachschub an Spurenelementen.

Ansonsten rate ich zu Toleranz: Algen sind wichtige Sauerstofflieferanten, bieten Bakterien und anderen Mikroorganismen Lebensraum, stellen direkt und indirekt (Beherbergung von Kleinst- und Mikroorganismen) Futter für die Fische dar und entziehen dem Wasser Nährstoffe.

Meist machen ästhetische Gründe einen Aquarianer zum Algenfeind. Aus Sicht der Goldfische gehören Algen eher dazu. Auch fehlen in einem Goldfischaquarium algenfressende Fische, die sich sonst in vielen Gesellschaftsbecken befinden.

Einzige Ausnahme sind ‚Blaualgen', korrekter Cyanobakterien. Sie können mit einem schleimig-schmierigen, manchmal pelzigen Belag alles überwuchern. Sie stinken und sind für die Fische leicht giftig. Um gründliches Entfernen sollte man sich bemühen.

Weil Goldfische gerne gründeln, wird oft häufiges Mulmabsaugen empfohlen. Aber warum lassen wir den Fischen nicht einfach ihren Mulm? Er ist Teil einer artgerechten Haltung. Es macht Spaß zu beobachten, wie sie sich in einem mit Sand eingerichteten Becken mit Mulm und Algen benehmen. Sie zupfen teilweise stundenlang an Algen herum, fressen diese oder die sie bewohnenden Mikroorganismen oder lutschen sich darin verfangenes Futter heraus. Im Mulm wird immer wieder gestöbert und gegründelt. Sogar wenn gefüttert wird, ziehen sie es manchmal nach kurzer Zeit vor, ihr Futter am Boden zu suchen und den Mulm durchzuarbeiten, anstatt sich um das noch im Wasser oder an der Oberfläche schwimmende Futter zu kümmern.

Es ist unnötig, den Mulm zu entfernen, um das Wasser sauber zu halten. Ganz im Gegenteil: Die im und am Mulm siedelnden Mikroorganismen sind die gleichen, die auch im Filter arbeiten und die im Wasser enthaltenen Stoffwechselprodukte verarbeiten. Im Mulm leben auch viele wirbellose Kleinsttiere, die den Goldfischen als kleine permanente Lebendfutterquelle dienen. Sie oder ihre Eier gelangen mit der Luft, dem Leitungswasser, mit Laub und mit dem Futter ins Aquarium.

Ein aufgeräumtes und ‚sauberes' Becken mag gepflegter aussehen, aber biologisch gesehen ist es oft wertlos. Stört es zu sehr, können Sie beim Sandboden den Mulm leicht absaugen, denn anders als beim Kiesboden bleibt er auf dem Grund liegen, anstatt in die Zwischenräume zu sinken.

Im Vordergrund ein Perlschuppen-Wakin, im Hintergrund ein laichreifes Wakin-Weibchen.

Filterwartung

Ein ausreichend großer Filter muss relativ selten gereinigt werden. Verlangsamter Durchfluss aufgrund zugeschlammten Filtermaterials ist noch kein Anlass, das Material auszuwaschen: Langsamer strömendes Wasser ermöglicht im Filter auch die Bildung anaerob arbeitender Zonen, wodurch auch ein Nitratabbau (Denitrifikation) ermöglicht werden kann. Hat der Durchfluss um mehr als die Hälfte nachgelassen, sollte der Filterschwamm in einem Eimer mit Aquarienwasser ausgedrückt werden.

Damit man den Filter möglichst selten reinigen muss, sollte dafür Sorge getragen werden, dass möglichst wenig Material (Mulm, Pflanzenreste usw.) angesaugt wird. Ich habe sehr gute Erfahrungen mit einem kleinen Vorfilter im Becken gemacht. Er ermöglicht lange Standzeiten des Außenfilters und wird bei jedem Wasserwechsel ausgewaschen.

Gleichzeitiger Wasserwechsel und Filterreinigung sind kein Problem! Die wichtigen Bakterien besiedeln Oberflächen, nicht das Wasser. Es ist sinnvoll, anlässlich einer Filterreinigung den Mulm zu belassen, um mehr Bakterienreservoire zu erhalten. Beim Hamburger Mattenfilter genügt es, ihn hin und wieder mit dem Schlauch abzusaugen.

Foto: H.Hristov

Gesunde Fische kaufen – Krankheiten verhindern

Goldfische können an fast allem erkranken, was anderen Fischen auch Probleme bereitet (einschl. Koi-Herpes-Virus). Darüber gibt es ausreichend Literatur und ich bin zudem zu der Ansicht gelangt, dass solche Informationen nur begrenzt helfen und Hinweise zur Vorbeugung wichtiger sind. Da die meisten Erkrankungen auf Fehler bei Pflege oder Kauf zurückgehen, möchte ich genau dort ansetzen. Hinzu kommt, dass Fische bei Schwächung relativ gut kompensieren. Laien erkennen Krankheiten oft erst, wenn die Fische schon dem Zusammenbruch nahe sind und kaum noch zu retten sind. Ein geschultes Auge erkennt Probleme weit früher, und ein geschulter Kopf versucht, sie zu vermeiden. Da fast alle Medikamente den Fisch und seine Leber massiv belasten, ist eine Arzneimittelgabe ohne gesicherte Diagnose nicht sinnvoll. Goldfische vor Krankheiten zu bewahren ist deutlich einfacher als sie davon zu heilen!

Vom Züchter zum Kunden

Das Problem des Goldfischs ist der geringe Preis. Wo bleibt angesichts von Zucht und Aufzucht, Import, Vertrieb, Lieferung, Ladenmiete, Personal, Wasser, Strom und Futter die Gewinnmarge? Züchter, Importeur (Großhandel) und Einzelhändler müssen daran verdienen. Entsprechend ungünstig sind daher oft die Verhältnisse.

Foto: L. Bugallo Sánchez

Abgemagerter Fisch mit Messerrücken und klemmenden Flossen.

Große Zuchtfarmen befinden sich in Israel oder Ostasien. Es gibt also eine Flugreise in wenig Wasser, denn je mehr Wasser, desto teurer der Import. Beim Händler herrschen andere Wasserverhältnisse und in den Verkaufsbecken oft Überbesatz. Die Tiere sind bis zum Eintreffen beim Aquarianer massivem Stress ausgesetzt und gesundheitlich angeschlagen. Dass sie dann zu Hause nach kurzer Zeit anlässlich von Pflegefehlern oder des Nitritpeaks ernsthaft erkranken oder gar sterben, verwundert nicht.

Seien Sie bereit, für gute Tiere auch gute Preise zu zahlen. Kaufen sie nur gute und gesunde Fische. Falls möglich, suchen Sie den Händler mehrmals auf und verschaffen Sie sich einen Eindruck von der ständigen Qualität des Angebots. Ideal ist es natürlich, wenn der Händler seine Tiere direkt von einem inländischen Züchter bezieht.

Man erkennt deutlich, welcher dieser fünf Fische kritisch ist und nicht gekauft werden sollte.

Wie erkennt man gesunde Fische?

Ein gesunder Fisch schwimmt munter umher, hat Appetit, breitet die Flossen aus und hat eine einwandfreie Gestalt und Hautoberfläche. Ein kranker Fisch ist apathisch, klemmt die Flossen, atmet heftig oder kaum, scheuert sich, hat trübe Augen,

Haut oder belegte Flossen. Der Bauch kann eingefallen sein oder aufgebläht (dabei muss zwischen einem normal dicken Bauch der gestauchten Zuchtformen und einem aufgeblähten unterschieden werden). Quellen klare Bläschen oder eine gelblich-weiße Masse zwischen den Schuppen hervor, stehen diese ab, ist der Körper von Pünktchen oder mit Flaum bedeckt, so sind dies üble Zeichen. Auch nur eines dieser Merkmale heißt Abstand nehmen vom Kauf.

Hat auch nur einer der Fische im Verkaufsbecken erkennbare Parasiten, sollte kein Fisch daraus gekauft werden. Sie sind stäbchen- oder wurmförmig und hängen am Fisch, oder sie sind abgeplattet und sitzen direkt auf ihm. Achten Sie nicht nur auf die Körperoberfläche, sondern auch darauf, ob etwas aus den Kiemen oder dem After ragt. Fädig weißer statt fester brauner Kot ist auch übel. Mit der Zeit werden Sie ein Gespür für einen guten Fisch bekommen.

Nitritpeak und das ‚Einfahren'

Im Aquarium laufen komplizierte Prozesse ab, die ein Aquarianer kennen sollte. Die Stoffwechselprodukte der Fische gelangen ins Wasser. Sichtbarer Kot ist für Goldfische harmlos, er wird zu Mulm. Das über Nieren und Kiemen ausgeschiedene Ammonium/Ammoniak (NH_4^+/NH_3) aber ist problematisch, zudem ist NH_3 giftig.

Nun kommen die Filterbakterien ins Spiel. Zuerst oxidiert eine Gruppe (vor allem *Nitrosomonas*) das NH_4^+/NH_3 zu NO_2^- (Nitrit). Aber auch Nitrit ist giftig. Anschließend übernimmt eine weitere Gruppe: *Nitrobacter* u. a. oxidieren NO_2^- zu NO_3 (Nitrat), einem eher harmlosen Stoff. Den Gesamtprozess nennt man Nitrifikation. Wo liegt nun das Problem?

Neue Aquarien beherbergen diese Bakterien nur vereinzelt. Fische sorgen durch Ausscheidung von NH_4^+/NH_3 dafür, dass *Nitrosomonas* u. a. sich vermehren können. Das dauert einige Zeit, erst wenn das dadurch gebildete NO_2^- vorliegt, haben *Nitrobacter* u. a. eine Lebensgrundlage. Auch deren Population muss erst anwachsen. Derweil produzieren *Nitrosomonas* weiter NO_2^-, dessen Konzentration in gefährliche Bereiche steigt. Dieser sogenannte Nitritpeak ist eine kritische Phase neu eingerichteter Aquarien. Erst bei genug *Nitrobacter* sinkt der Nitritgehalt.

In einem sehr variablen Zeitraum von ungefähr zwei bis sechs Wochen nach Einsetzen der Fische kann der Peak stattfinden. Die Fische schnappen dann mit angegriffenen Kiemen an der Oberfläche nach Luft oder machen anderweitig einen kranken Eindruck. Deshalb muss vorgebeugt werden. Im eingerichteten Aquarium ohne Fische sollte der Filter einige Wochen laufen. Pflanzenreste, Schnecken usw. liefern geringe Mengen Nährstoffe für die Bakterien. Auch wenn es ulkig klingt, füttern Sie gelegentlich. Welchen Weg Nährstoffe aus dem Futter zu ihnen nehmen, interessiert Bakterien nicht.

Nachdem Fische eingesetzt wurden (sparsame Besatzdichte ist hilfreich), kontrollieren Sie aufmerksam den Nitritwert und führen Sie bei Bedarf zusätzliche umfangreiche Wasserwechsel durch. Auch die Zugabe von Bakterien enthaltendem Mulm oder Filterschlamm aus anderen Aquarien hilft.

Quarantäne schützt!

Bei einem neuen Besatz ist sie verzichtbar, es ist sowieso ein kritischer Moment. Aber wenn zu einer bestehenden gesunden Aquarienpopulation neue Fische dazukommen, dann empfehle ich dringend eine Quarantäne.

Es muss also ein zweites Becken eingerichtet werden, das die Neuankömmlinge aufnimmt, das deutlich kleiner sein kann.

Einige Parasiten, insbesondere darmbewohnende Fräskopfwürmer, können wochenlang unerkannt bleiben. Die Quarantäne dient also auch dazu, versteckte Erkrankungen zu erkennen. Nehmen Sie sich Zeit für die Quarantäne; vier Wochen sollte sie mindestens dauern; drei Monate sind zur Erholung nicht verkehrt. Falls es Probleme gibt, muss sie entsprechend verlängert werden.

Nach der Quarantäne: Impfen

Die spanischen Eroberer brachten den indianischen Ureinwohnern tödliche Seuchen. Pocken, Masern und Grippe, die für die Europäer weit weniger gefährlich waren, entvölkerten ganze Regionen. Das Beispiel ist überzogen, aber der Mechanismus vergleichbar: Dem Immunsystem unbekannte Erreger können fatale Folgen haben. Wir müssen den Fischen Gelegenheit geben, sich an andere Erregerstämme zu gewöhnen. Dies erfolgt nach der Quarantäne, indem inzwischen als gesund eingestufte Neuzugänge und der vorhandene Bestand durch gegenseitigen Wasseraustausch langsam aneinander gewöhnt werden:

Nehmen Sie anfangs nur geringe Mengen (Schnapsglas oder Spritze), und warten Sie einige Tage, ob die Fische Reaktionen zeigen. Reagieren Sie eventuell mit umfangreichen Wasserwechseln bis zur Normalisierung. Falls alles gut geht, kann man nach einer Woche eine etwas größere Menge austauschen. Nach der Quarantäne vergehen also noch einige weitere Wochen bis zum Zusammensetzen. Danach ist es hilfreich, in den ersten Tagen einen größeren Wasserwechsel vorzunehmen.

Metallvergiftungen vermeiden

Eigene bittere Erfahrung: Keine Metalle im Becken! Akute oder chronische Vergiftungen und Schwächung des Allgemeinzustandes sind die Folge. Lediglich Edelstahl soll unbedenklich sein. Chronische Metallvergiftungen weisen ganz unspezifische Symptome auf, sodass es manchmal schwerfällt, Krankheitserscheinungen darauf zurückzuführen. Die Fische sind dann meiner Erfahrung nach auch dauerhaft geschädigt.

Muss wirklich entwurmt werden?

Speziell unter Goldfischfreunden hat sich die Praxis etabliert, die Fische regelmäßig zu entwurmen, vor allem Kiemenwürmer sind gefürchtet. Ich stehe dem kritisch gegenüber. Die Tiere regelmäßig einem Medikamentencocktail auszusetzen, ist ihrer Gesundheit (und der ihrer Leber) nicht dienlich. Die zu bekämpfenden Parasiten können Resistenzen entwickeln. Der Vergleich mit Hunden und Katzen, die in irgendwelchen Ecken stöbern und sich permanent neu infizieren, hinkt zu sehr.

Man kann davon ausgehen, dass bestimmte Fischparasiten, speziell Kiemenwürmer, sowieso permanent in sehr geringer Menge vorhanden sind. Hobbyzüchter fürchten ihr Auftreten bei der Jungbrut, und dann fallen sie ja nicht einfach so vom Himmel. Es sind Schwächeparasiten, die von gesunden Fischen bei minimalem Befall vertragen werden und erst bei Schwächung überhandnehmen. Eine Medikation ist meines Erachtens nur nach (tierärztlicher) Abschätzung des Ausmaßes anhand mikroskopischer Untersuchung sinnvoll. Auch hier ist wieder das Gesamtpaket der Vorbeugungs- und Pflegemaßnahmen wichtig und trägt zur Fischgesundheit bei.

Foto: © Satit Srihin – stock.adobe.com

Wie alt können Goldfische werden?

Was die Lebensdauer der Hochzuchtformen angeht, bin ich unsicher; da passen die recherchierbaren wenigen Lebensjahre wahrscheinlich oft zur ungeeigneten Haltung. Meine Normalen Goldfische wurden bisher mehr als 16 Jahre alt. Von anderen Besitzern weiß ich, dass ihre Fische 15 bis 20 Jahre alt wurden.

Noch ältere Goldfische sind mehrfach verbürgt, interessanterweise alle aus England: Fred starb 1980 mit 41 Jahren in Worthing, der jetzige Rekordhalter im Guinness-Buch der Rekorde ist Tish aus Thirsk, der 1999 mit 43 Jahren starb, sein anfänglicher Mitbewohner Tosh wurde ‚nur' 24 Jahre. 2005 starb Goldie in Bradninch mit ca. 45 Jahren. Seine Besitzerin Pauline Evans hatte den Fisch 1997 von ihren Eltern nach deren Tod übernommen; eher zufällig wurde der Fisch mit seinem hohen Alter im Jahr 2000 der Lokalpresse bekannt.

Goldfische können sehr alt werden, ihre Lebenserwartung hängt hauptsächlich von den Haltungsbedingungen und der Veranlagung des Fisches ab.

Foto: Csaba Nagy, Pixabay

Als Goldie 2004 den Rekord überrundete, brach ein großer Medienrummel los, den die inzwischen siebzigjährige Besitzerin für einen guten Zweck nutzte. Sie bat jeden, der über Goldie berichtete, um eine Spende an das Vranch House, Hauptquartier der Devon and Exeter Spastic Society und Schule/Zentrum für Kinder mit spastischen Lähmungen und ähnlichen Erkrankungen. Dafür wurde der ‚Goldie Fund' eingerichtet, auf den viele Spenden eingingen. Da Goldies Kauf im Jahr 1960 nicht nachgewiesen werden konnte, ist allerdings Tish weiterhin der ‚offiziell' älteste Goldfisch.

Verwilderte und Teich-Goldfische werden unter Umständen größer als die Wildform. Die sehr konkurrenzstarken Tiere können außerhalb ihres natürlichen Verbreitungsgebietes schwere ökologische Schäden anrichten, wie hier im Lake Tahoe. Bitte Goldfische nie in der Natur aussetzen.

Literatur

Bernhardt, K.-H. (2001): Alle Goldfische und Schleierschwänze / All Goldfish and Varieties. Aqualog: reference fish of the world 11, Verlag A.C.S. (Aqualog), Mörfelden-Walldorf

Bitter, F. (2008): Schnecken-Fibel: Attraktive und nützliche Tiere im Süßwasseraquarium. Dähne Verlag, Ettlingen

Bremer, H. (1997): Aquarienfische gesund ernähren. DATZ-Aquarienbücher. Verlag Eugen Ulmer, Stuttgart

Kaufmann, B. (2010): Algen-Fibel Aquarium: Kein Problem mit Süßwasseralgen. 2. Aufl., Dähne Verlag, Ettlingen

Krause, H.-J. (2004): Handbuch Aquarientechnik. 4., vollständig überarbeitete Auflage. bede-Verlag

Krause, H.-J. (1995): Handbuch Aquarienwasser. 3., überarb. Auflage. bede-Verlag.

Pederzani, H.-A. (2004a): Monster oder Kunstwerke? Was wurde aus dem Goldfisch? Aquaristik Fachmagazin und Aquarium heute 36 (2): 4-17

Pederzani, H.-A. (2004b): Paul Mattes hochflossige Schleierschwänze – eine Legende. Aquaristik Fachmagazin und Aquarium heute 36 (4): 70-72

Pederzani, H.-A. (2005): Goldfische in Berlin und Sachsen: Ein bunter Flickenteppich, locker zusammengenäht. Aquaristik Fachmagazin und Aquarium heute 37 (2): 74–78

Steinle, Chr.-P., Lechleiter, S. (2000): Goldfische für Gartenteich und Aquarium. Mit einem Beitrag von P. Heimes. DATZ-Aquarienbücher, Verlag Eugen Ulmer, Stuttgart

Teichfischer, B. (1994): Goldfische in aller Welt: Haltung, Zuchtformen und Geschichte der ältesten Aquarienfische der Welt. Tetra-Verlag, Melle

Bildnachweis

Alle nicht gekennzeichneten Bilder stammen vom Verfasser.
Die Creative Commons Lizenzbedingungen sind hier nachzulesen:
CC0 1.0: https://creativecommons.org/publicdomain/zero/1.0/
CC BY-SA 2.0: https://creativecommons.org/licenses/by-sa/2.0/
CC BY-SA 3.0: https://creativecommons.org/licenses/by-sa/3.0/
CC BY 3.0: https://creativecommons.org/licenses/by/3.0/
CC BY-SA 4.0: https://creativecommons.org/licenses/by-sa/4.0/